El Miloudi Cherradi

Ultradünne Ceroxidschichten auf Cu(111) Einkristallflächen:

El Miloudi Cherradi

Ultradünne Ceroxidschichten auf Cu(111) Einkristallflächen:

Rastertunnelmikroskoskopische und photoelektronenspektroskopische Untersuchungen zu Wachstum, Struktur und Eigenschaften

Südwestdeutscher Verlag für Hochschulschriften

Impressum / Imprint
Bibliografische Information der Deutschen Nationalbibliothek: Die Deutsche Nationalbibliothek verzeichnet diese Publikation in der Deutschen Nationalbibliografie; detaillierte bibliografische Daten sind im Internet über http://dnb.d-nb.de abrufbar.
Alle in diesem Buch genannten Marken und Produktnamen unterliegen warenzeichen-, marken- oder patentrechtlichem Schutz bzw. sind Warenzeichen oder eingetragene Warenzeichen der jeweiligen Inhaber. Die Wiedergabe von Marken, Produktnamen, Gebrauchsnamen, Handelsnamen, Warenbezeichnungen u.s.w. in diesem Werk berechtigt auch ohne besondere Kennzeichnung nicht zu der Annahme, dass solche Namen im Sinne der Warenzeichen- und Markenschutzgesetzgebung als frei zu betrachten wären und daher von jedermann benutzt werden dürften.

Bibliographic information published by the Deutsche Nationalbibliothek: The Deutsche Nationalbibliothek lists this publication in the Deutsche Nationalbibliografie; detailed bibliographic data are available in the Internet at http://dnb.d-nb.de.
Any brand names and product names mentioned in this book are subject to trademark, brand or patent protection and are trademarks or registered trademarks of their respective holders. The use of brand names, product names, common names, trade names, product descriptions etc. even without a particular marking in this works is in no way to be construed to mean that such names may be regarded as unrestricted in respect of trademark and brand protection legislation and could thus be used by anyone.

Coverbild / Cover image: www.ingimage.com

Verlag / Publisher:
Südwestdeutscher Verlag für Hochschulschriften
ist ein Imprint der / is a trademark of
AV Akademikerverlag GmbH & Co. KG
Heinrich-Böcking-Str. 6-8, 66121 Saarbrücken, Deutschland / Germany
Email: info@svh-verlag.de

Herstellung: siehe letzte Seite /
Printed at: see last page
ISBN: 978-3-8381-3702-5

Zugl. / Approved by: Düsseldorf, HHU, Diss., 2013

Copyright © 2013 AV Akademikerverlag GmbH & Co. KG
Alle Rechte vorbehalten. / All rights reserved. Saarbrücken 2013

Ultradünne Ceroxidschichten auf Cu(111)-Einkristallflächen: Rastertunnelmikroskoskopische und photoelektronenspektroskopische Untersuchungen zu Wachstum, Struktur und Eigenschaften

Inaugural-Dissertation

zur

Erlangung des Doktorgrades der
Mathematisch-Naturwissenschaftlichen Fakultät
der Heinrich-Heine-Universität Düsseldorf

vorgelegt von

El Miloudi Cherradi

aus Roummani (Marokko)

15. November 2012

Abstract

In this thesis, the structure and properties of ordered CeO_2 ultrathin films, deposited onto Cu(111) single crystal surfaces by evaporation of Cer at low oxygen pressure under ultrahigh-vacuum conditions, have been studied such systems may serve as model systems in heterogenous catalysis. We investigate the geometric structure by means of scanning tunneling microscopy. We identify the growth mechanisms of ceria on Cu(111) with the aim to obtain CeO_2 films that completely cover the Cu-substrate. We determine conditions for the formation of incomplete oxide interfacial layer and formation of three dimensional islands are able to control coverage and the number of open monolayer of ceria thin films on Cu(111). Oriented and stoichiometric thin films of ceria on Cu(111) can be prepared if the evaporation of Cer takes place at substrate temperatures between 150 °C and 250 °C. Formation of dendrites and irregular islands can be avoided if the substrate temperature is raised from room temperature to 450 °C during deposition.

In as second set of experiments the oxidation/reduction mechanism of CeO_2/Cu(111) upon interaction with hydrogen (H_2) has been studied for clean ceria and the role of Au and Pd particles evaporated into surface. During the interaction the ratio of Ce^{4+} and Ce^{3+} alters. Valence band spectra have been recorded of photon energies of 115 eV, 121.4 eV and 124.8 eV. At a photon energy of 121.4 eV resonantly enhanced the sensitivity with respect to Ce^{3+} ions in resonant photoemission spectroscopy. We have studied the effect of Pd and Au evaporated into the surface on the reducibility of CeO_2/Cu(111). We find that Pd enhances the reducibility of CeO_2 significantly. Formation of surface OH groups and ripening of Pd clusters is found. After deposition of Au onto the clean ceria we observed a small fraction of positively charged Au particles and a Ce^{3+}, caused by charge transfer to Ce^{4+} ions. Upon interaction with H_2 the charge transfer is reverted. At the same time, the reduction of ceria takes place. In contrast to Pd, we do not find OH groups of the surface under identical reduction conditions.

Kurzfassung

In dieser Arbeit wurden die Struktur und die Eigenschaften ultradünner, geordneter CeO_2-Filme, welche durch Aufdampfen von metallischem Cer bei niedrigem Sauerstoffpartialdruck auf Cu(111)-Einkristall-Oberflächen unter Ultrahochvakuum-Bedingungen aufgebracht wurden, untersucht. Ein solches System könnte als Modellsystem in der heterogenen Katalyse dienen. Wir untersuchten die geometrische Struktur hauptsächlich mit dem Rastertunnelmikroskop. Wir bestimmten den Wachstumsmechanismus von Ceroxid auf Cu(111) mit der Absicht, dass CeO_2-Filme das Kupfersubstrat vollständig bedecken. Darüber hinaus wurden die Wachstumsbedingungen für die Bildung nicht kompletter Ceroxid-Grenzflächen und die Bildung dreidimensionaler Inseln bestimmt; sie dienen zur Kontrolle des Bedeckungsgrades und der Anzahl der offenen Monolagen des Ceroxids auf der Cu(111)-Oberfläche. Orientierte und stöchiometrisch dünne Ceroxid-Filme auf Cu(111) können hergestellt werden, wenn die Substrattemperatur während des Aufdampfens des Cers zwischen 150 °C und 250 °C liegt. Die Bildung von dendritartigem Wachstum und unregelmäßigen Inseln kann verhindert werden, wenn die Substrattemperatur während der Deposition von Ceroxid auf Cu(111) von Raumtemperatur auf 450 °C erhöht wird. In dem zweiten Experiment wurde der Oxidation/Reduktion-Mechanismus der CeO_2/Cu(111)-Probe bei Wechselwirkung mit Wasserstoff (H_2) für reines Ceroxid und der Einfluss der auf der Oberfläche aufgedampften Au- und Pd-Teilchen untersucht. Während dieser Wechselwirkung verändert sich das Verhältnis von Ce^{4+} und Ce^{3+}. Valenzband-Spektren wurden mit Photonenenergie von 115 eV, 121,4 eV und 124,8 eV aufgenommen. Bei Photonenenergie von 121,4 eV tritt eine verstärkte resonante Emission aus dem Ce 4f-Zustand auf, welche die Empfindlichkeit für die Ce 4f-Zustände der Ce^{3+}-Ionen verstärkt. Wir haben den Effekt von Au- und Pd-Teilchen im Bezug auf die Reduzierbarkeit der CeO_2/Cu(111)-Proben untersucht. Wir fanden heraus, dass Pd-Teilchen die Reduktion des CeO_2-Films stark beeinflussen. OH-Gruppen und die Bildung von Pd-Clustern wurden auf der Oberfläche beobachtet. Nach dem Aufdampfen von Au auf die saubere Ceroxidschicht wurde ein kleiner Anteil von positiv geladenen Au-Teilchen und die Bildung von Ce^{3+}-Ionen, welche durch Ladungstransfer von Ce^{4+}-Ionen verursacht wird, beobachtet. Der Ladungstransfer wird während der Wechselwirkung mit H_2 umgekehrt. Zur selben Zeit findet die Reduktion des Ceroxids statt. Unter identischen Reduktionsbedingungen wurde im Gegensatz zum Pd die Bildung von OH-Gruppen nicht beobachtet.

Inhaltsverzeichnis

Inhaltsverzeichnis	I
1 Einleitung	**1**
2 Metallisches Cer und Ceroxide	**4**
2.1 Metallisches Cer	4
2.2 Ceroxide	5
2.3 Defektstruktur von Ceroxid	7
2.3.1 Die (111)-Ebene des Cerdioxids	8
2.4 Cu(111)-Oberfläche als Substrat für Ceroxidschichten	9
3 Grundlagen der experimentellen Methoden	**11**
3.1 Das Rastertunnelmikroskop	11
3.1.1 Tunneleffekt	12
3.1.2 Berechnung des Tunnelstroms nach Bardeen, Tersoff und Hamann	14
3.2 Beugung niederenergetischer Elektronen (LEED)	15
3.3 Die Auger-Elektronen-Spektroskopie (AES)	18
3.3.1 Der Auger-Effekt	18
3.3.2 Die Augerelektronen-Spektroskopie	20
3.4 Die Photoelektronenspektroskopie	20
3.4.1 Resonante Photoemission	24
3.5 Schwingquarz	26
4 Beschreibung der Aufbauten	**27**
4.1 Pumpstand in Düsseldorf	27
4.2 Pumpstand in Prag	33
4.3 Synchrotonstrahlungsquelle in Trieste	34
4.3.1 Das Synchrotron	34
4.3.2 Material Science Beamline 6.1 am Synchrotron in Trieste	35
5 Ergebnisse und Diskussion	**37**
5.1 Präparationsmethoden der Ceroxidschichten	37
5.2 Präparation der Cu(111)-Oberfläche	38
5.3 Das Wachstum von CeO_{2-x}(111) dünner Schichten auf Cu(111)	42
5.3.1 Bedeckungsgrad $\Theta = 1{,}5$ ML	43

		5.3.2	Bedeckungsgrad $\Theta = 3$ ML	49
		5.3.3	Bedeckungsgrad $\Theta = 5$ ML	53
		5.3.4	Bedeckungsgrad $\Theta = 8$ ML	58
	5.4	Vergleich der Wechselwirkung von H_2 mit reinen und mit Pd oder Au bedeckten Ceroxidschichten		60
		5.4.1	Wechselwirkung von H_2 mit reinem $CeO_2(111)/Cu(111)$	61
		5.4.2	Wechselwirkung von H_2 mit $Pd/CeO_2(111)/Cu(111)$	67
		5.4.3	Wechselwirkung von H_2 mit $Au/CeO_2(111)/Cu(111)$	76

6	Zusammenfassung	89
	Abbildungsverzeichnis	92
	Tabellenverzeichnis	94

1 Einleitung

Metalloxide haben aufgrund ihrer katalytischen, optischen, mechanischen, magnetischen und elektronischen Eigenschaften ein breites technologisches Anwendungsspektrum in der Industrie [?]. Sie gewinnen an wissenschaftlicher und technischer Bedeutung sowohl in der heterogenen Katalyse als auch bei der Entwicklung von Gassensoren sowie in der Kontrolle von industriellen Abgasströmen [?]. Metalloxide werden z. B. in der chemischen Industrie als Katalysatoren für Redoxprozesse verwendet. Rund 80 % aller chemischen Produkte werden mit Hilfe von Katalysatoren bereitgestellt [?, ?, ?]. Es wird beispielsweise Vanadiumoxid in der oxidativen Dehydrierung von Methanol zu Formaldehyd eingesetzt [?]. Cu/TiO_2 zeigt eine bessere Aktivität für die WGS-Reaktion (Water-Gas-Shift), die Wasserstoff für Brennstoffzellen bereitstellt und die CO-Konzentration in der Gas-Synthese reduziert [?]. CeO_{2-x} wird als Komponente in Washcoat im Drei-Wege-Katalysator verwendet und dient als Sauerstoffspeicher [?, ?]. Diese Kapazität (OSC) steht im Zusammenhang mit der hohen Sauerstoffmobilität und dem leichten Wechsel der Oxidationsstufe des Cers von Ce^{4+} zu Ce^{3+}. Auf mikroskopischer Skala ist dies mit besonderen Kristalldefekten, den Sauerstoffleerstellen, verknüpft [?]. Kristalldefekte an der Oberfläche sind auch von Bedeutung für die Bindung katalytisch aktiver Nanoteilchen wie Pd, Au oder Pt [?]; in diesem Zusammenhang spricht man auch von der Metall-Träger-Wechselwirkung.

CeO_2 gehört zu den sogenannten Festelektrolyt-Materialen. Es ist bei hohen Temperatur ein O^{2-}-Ionenleiter. Für die Anwendungen in der Katalyse und als Elektrodenmaterial wird eine zusätzliche elektronische Teilleitfähigkeit gefordert. Dotiertes Cerdioxid zeigt bei niedrigeren Temperaturen deutlich höhere ionische Leitfähigkeiten sowie eine bessere Elektrodenkinetik als das Yttrium - stabilisierte Zirkonoxid (YSZ) [?, ?, ?]. DFT[1]-Rechnungen von Shapovalov et al. [?] an golddotiertem Cerdioxid $Au_xCe_{2-x}O_2$ zeigten, dass Gold während der CO-Oxidation (Water-Gas-Schift) die Aktivität der Sauerstoffatome auf der Oberfläche erhöht und die Bildung der Sauerstoffleerstellen erleichtert.

Im Zusammenhang mit der Verbesserung der Aktivität, Selektivität und der thermischen Stabilität von Katalysatoren wurde die Beteiligung der unbesetzten, lokalisierten f-Zustände in CeO_2 untersucht [?, ?]. Das Mischoxid $Ce_{0.8}Ga_{0.2}O_{1.9}$ (CGO) ist für die Sensorik untersucht worden, um reduzierende Gase (CH_4, C_3H_6, CO...) und oxidierende Gase (NO, NO_2, SO_2, O_3,...) nachzuweisen. Fergus et al. [?] haben gezeigt, dass CGO auf kleine CO- bzw. C_3H_6-Konzentrationen mit Änderungen der Komposition

---
[1] Dichtefunktionaltheorie

antwortet.
Epitaktische Metalloxidfilme, die auf metallischen Einkristallen im Ultrahochvakuum (UHV) präpariert werden, wurden seit vielen Jahren intensiv untersucht. CeO_{2-x} lässt sich nicht in-situ spalten und hat eine geringe elektrische Leitfähigkeit, so dass elektronenspektroskopische Untersuchungen durch Aufladungseffekte erschwert werden. Aufgrund der Gitterabweichungen zwischen Metall und Metalloxid ist das epitaktische Wachstum durch Oxidation des Metalls in der Regel nicht möglich. Für solche Systeme können niedrig indizierte Ebenen von Edelmetallen wie Cu(111) [?, ?, ?] , Pt(111) [?, ?], YSZ(111) [?], Pd(111), Rh(111) [?] und Ru(0001) [?] als perfekte Substrate für Oxide verwendet werden. Die Schichten werden bei der Deposition des Cers in einem Sauerstoff-Hintergrund oder im Vakuum und nachfolgend bei hohen Temperaturen präpariert. Die Gitterkonstante der verwendeten Substrate in [111]-Richtung ist kleiner als die Gitterkonstante des Ceroxids (3.82 Å für CeO_2(111) und 3.89 Å für Ce_2O_3(111)). Sie liegen zwischen 2.55 Å und 2.9 Å. In vielen Fällen bilden sich gut geordnete Ceroxidschichten auf diesen Substraten. Damit ist es im Prinzip möglich, Proben mit hoher struktureller Ordnung herzustellen, die für definierte und reproduzierbare Oberflächenuntersuchungen Voraussetzung sind.

Geordnete CeO_2(111)-Schichten wurden bereits auf Re(0001)-Einkristallen hergestellt [?] und mittels Röntgen-Photoelektronen-Spektroskopie (XPS) und Beugung niederenergetischer Elektronen (LEED) untersucht. Die Ergebnisse zeigten, dass durch Tempern der Ceroxidschichten im Ultrahochvakuum bei 1000 K Ce^{4+}-Kationen zu Ce^{3+} reduziert werden und umgekehrt Ce^{3+}-Kationen bei 700 K in Sauerstoff-Atmosphäre wieder zu Ce^{4+} oxidiert werden. Diese Reoxidation oder Reduktion führt also zur Bildung bzw. Entfernung von Sauerstoff-Fehlstellen auf der Oberfläche.

Epitaktische Dünnschichten bilden generell einen guten Zugang zur Erforschung von Grenzflächen und ihren physikalischen Eigenschaften; sie sind experimentell im Ultrahochvakuum (UHV) leicht zugänglich und können in UHV gut untersucht werden. Daher war es das Ziel dieser Arbeit, geordnete und epitaktische CeO_2-Schichten auf Kupfer(111)-Flächen in Abhängigkeit vom Bedeckungsgrad und der Substrattemperatur herzustellen und mittels Rastertunnelmikroskop sowie Augerelektronenspektroskopie und Photoemission zu untersuchen.

Anschließend wurde Ceroxid als Träger von Gold- bzw. Palladium-Nanoteilchen benutzt, um die Wechselwirkung von Wasserstoff mit dem System und die dabei auftretenden elektronischen Veränderungen mittels XPS und sogenannter resonanter Photoemission zu untersuchen.

Da die Wechselwirkung von Wasserstoff mit reinen Ceroxidschichten erst bei hohen

Temperaturen zur Reduktion der Schichten führt, wurden Edelmetalle (Au, Pd) deponiert, um eine höhere Aktivität des Modells bei niedrigen Temperaturen zu erreichen. Die Metalle wurden entsprechend ausgewählt. Gold spielt eine effektive Rolle in verschiedenen katalytischen Prozessen. Besonders für die CO-Oxidation bei tiefen Temperaturen [?, ?, ?]. Goldbasierte Katalysatoren zeigen sich besonders aktiv für die Dehydrierung und die Hydrierung von Kohlenwasserstoffen sowie für die WGS-Reaktion [?, ?, ?]. Palladium eignet sich als Oxidationskatalysator aufgrund seiner höheren Oxidationskraft. Pd/CeO_2 zeigt eine Aktivität für die WGS-Reaktion [?].

Die vorliegende Arbeit beinhaltet nach dieser Einleitung zunächst die theoretischen Grundlagen der verwendeten experimentellen Untersuchungsmethoden. Im experimentellen Teil werden die verwendeten Apparaturen beschrieben. Danach werden die Untersuchungsergebnisse zu den erzeugten Dünnschichten präsentiert und diskutiert. Zusätzlich werden auch die katalytischen Fähigkeiten von Ceroxidbasierten Pd- und Au-Katalysatoren vorgestellt. Hierzu wurden die katalytischen Prozesse von Au- und Pd-Ceroxid basierten Katalysatorsystemen in Bezug auf Wechselwirkungen und die Reaktivität mit molekularem Wasserstoff untersucht. Am Ende folgt eine Zusammenfassung dieser Arbeit.

2 Metallisches Cer und Ceroxide

2.1 Metallisches Cer

Cer wurde 1803 von Jöns Jacob Berzelius und Wilhelm von Hisinger und gleichzeitig von Martin Heinrich Krapprot entdeckt und nach dem Zwergplaneten Ceres benannt [?]. Es ist das erste Element der Lanthanoidenreihe und besitzt mit der Ordnungszahl 58 gerade ein f-Elektron (f^1). Da Cer sehr aktiv und leicht reduzierbar ist, kommt es fast ausschließlich in Verbindungen vor. Die Lanthanoide unterscheiden sich in der elektronischen Struktur deutlich von anderen Elementgruppen. Man erwartet mit steigender Ordnungszahl, dass die Größe des Atoms bzw. der Atomradius wächst. Bei den Lanthanoiden sind die 5s- und 5p-Schalen bereits besetzt und die 4f-Schale wird aufgefüllt. Mit steigender Ordnungszahl wächst auch die Zahl der Protonen. Die Elektronen befinden sich mit wachsender Ordnungszahl aufgrund der Coulomb-Anziehung näher am Kern. Daraus resultiert ein kleinerer Atomradius mit steigender Ordnungszahl (siehe Abbildung [2.1]). Dies ist von Cer (f^0) bis Lutetium (f^{14}) (außer bei Europium und Ytterbium) zu beobachten. Dieses Verhalten heißt Lanthaniden-Kontraktion. Die f-Elektronen sind nur wenig an der Bindung beteiligt, schirmen vielmehr den Kern ab und verhalten sich wie Elektronen aus den weiter außen liegenden Schalen. Die physikalischen Eigenschaften hängen jedoch stark von der Anzahl der f-Elektronen ab. Cer besitzt eine hohe Reaktivität gegenüber Sauerstoff-enthaltenden Molekülen und zeigt somit eine starke Ce-O Wechselwirkung. Die Oxide von Cer haben zahlreiche Anwendungen. Sie werden

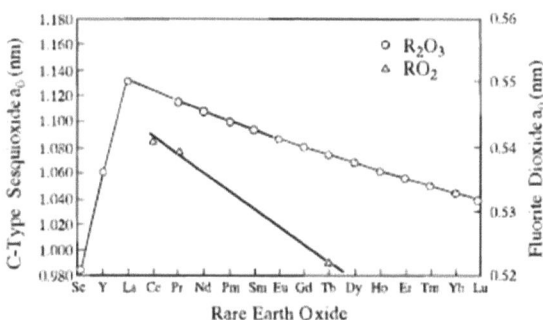

Abbildung 2.1: Gitterparameter der kubischen Oxide der seltenen Erden [?].

beispielsweise als Schleif- und Poliermittel verwendet oder als Katalysator eingesetzt (für die Oxidation: CO → CO_2). Cerverbindungen sind Bestandteile von Spezialgläsern und dienen auch als feuerfeste Beschichtung von selbstreinigenden Backöfen. Weitere Anwendungen gibt es im Bereich der organischen Chemie und auch in der Medizin (z. B. als Kontrastmittel).

2.2 Ceroxide

Ceroxide CeO_{2-x} ($0 \leq x \leq 0.5$) gehören zu den sogenannten nichtstöchiometrischen Phasen. Sie sind bekannt für ihre gute Transport- und Speicherfähigkeit (OSC) für Sauerstoff. In Drei-Wege-Katalysatoren ist Ceroxid daher in der Lage, O_2-Schwankungen in der Abgaszusammensetzung auszugleichen und damit das λ-Fenster auszuweiten, in dem die Katalyse stattfindet [?]. Hier spielen die Sauerstoffleerstellen und ihre Mobilität eine entscheidende Rolle, wobei der Oxidationszustand zwischen 3+ und 4+ wechselt [?, ?]. Bekannte Oxide sind beispielsweise Cer(III)-Oxid (Ce_2O_3 - ein goldglänzender keramischer Feststoff), Cer(III,IV)-Oxid (Ce_3O_4 - ein blauer keramischer Feststoff) und Cer(IV)-Oxid (CeO_2-weißer bzw. hellgelber keramischer Feststoff).
CeO_2 ist ein f^0-System mit einer Bandlücke von 6 eV. Es kristallisiert in der Raumgruppe $Fm\bar{3}m$ in der Fluorid-Struktur (CaF_2-Typ) mit einer Gitterkonstante von 5,41 Å. CeO_2 ist bei Raumtemperatur ein Isolator, elektrisch leitfähig ist es dagegen nach Bildung von Sauerstoffleerstellen bei erhöhter Temperatur [?]. Die Abbildung [2.2] zeigt

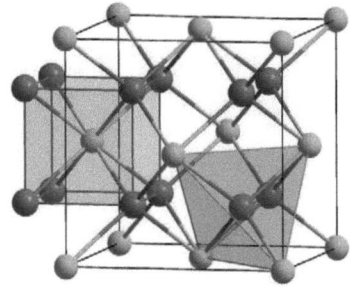

Abbildung 2.2: CeO_2 fcc Einheitszelle: Die Ceratome sind grün und der Sauerstoff ist rot markiert [?].

die Elementarzelle des Cerdioxids. Ce^{4+} bilden ein kubisch flächenzentriertes Gitter (fcc), in dem alle tetraedrischen Lücken durch O^{2-}-Ionen besetzt sind. Auf diese Weise

ist Ce^{4+} würfelförmig von acht O^{2-}-Ionen koordiniert und die O^{2-}-Ionen sind tetraedrisch von vier Ce^{4+} umgeben.
CeO_2 kann bei erhöhter Temperatur bei niedrigem Sauerstoffpartialdruck p_{O_2} oder in reduzierenden Atmosphären z. B. in H_2 chemisch reduziert werden und bildet somit eine Reihe von nichtstöchiometrischen Oxiden im Bereich $CeO_{1,5}$ und CeO_2 [?]. Die Reduktion wird von der Entfernung von Sauerstoffatomen aus dem CeO_2-Gitter und der Erzeugung von Sauerstoffleerstellen begleitet. Dabei ändern benachbarte Ceratome ihren Oxidationszustand von Ce^{4+} auf Ce^{3+}. Die Leerstellen werden nach folgendem Schema erzeugt:

$$4Ce^{4+} + O^{2-} \rightarrow 4Ce^{4+} + \frac{2e^-}{V_{\ddot{O}}} + 0.5O_2 \rightarrow 2Ce^{4+} + 2Ce^{3+} + V_{\ddot{O}} + 0.5O_2$$

wobei $V_{\ddot{O}}$ eine Sauerstoffleerstelle ist.
Oberhalb einer Temperatur von 988 K dominiert die sogenannte α-Phase zwischen $CeO_{1,714}$ (Ce_7O_{12}) und CeO_2. Sie besitzt eine nicht geordnete Fluorid-Struktur. Bei niedrigen Temperaturen findet innerhalb der α-Phase ein Unordnung-Ordnung-Übergang statt [?].
Bei höheren Temperaturen dominiert die nichtstöchiometrische $Ce_2O_{3+\delta}$-Phase (σ-Phase $CeO_{1,714}$ bis $CeO_{1,5}$), die im bcc-Typ-C kristallisiert(siehe Abbildung [2.3]) [?]. Ceroxid in der σ-Phase beinhaltet 25 Prozent an Sauerstoffleerstellen und somit 8 Cerdioxideinheitszellen [?]. Als Folge der leichten Reduzierbarkeit des Ceroxids tritt eine

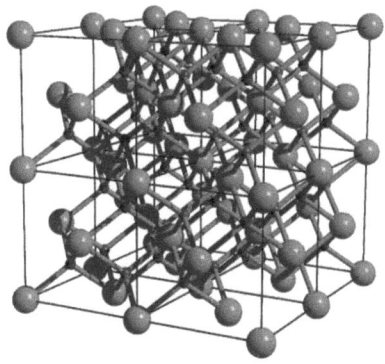

Abbildung 2.3: Strukturmodell von Ce_2O_3: Türkise bzw. rote Kugeln repräsentieren Cer- bzw. Sauerstoffatome [?].

Ausdehnung des Gitters wegen dem zunehmenden Ionenradius der Ce^{3+} auf. Mit steigendem Anteil an Ce^{3+}-Ionen nimmt die Gitterkonstante um ca. 3 % zu. So haben die stöchiometrischen CeO_2-Volumenphasen eine Gitterkonstante von 5,41 Å, die kubische Ce_2O_3-Phase 5,58 Å [?]. Entlang der (111)-Ebene im kubischen Kristallsystem ergeben sich für die kubischen CeO_2- und die Ce_2O_3-Volumenstrukturen 3,82 Å oder 3,94 Å.

2.3 Defektstruktur von Ceroxid

Die Bildung von Sauerstofflücken (siehe Abbildung [2.4]) hat auch einen Effekt auf die elektronischen Struktur des Ceroxids. In perfektem Cerdioxid CeO_2 ist jedes Sauerstoffatom von vier Cer-Atomen umgeben. Das Sauerstoff p-Band hat zwei Valenzelektronen. Bei der Reduktion gehen diese Elektronen auf die f-Zustände des Cers über. Dieser Übergang ist von einem Energiegewinn begleitet [?]. Mangel an Sauerstoff führt zu ei-

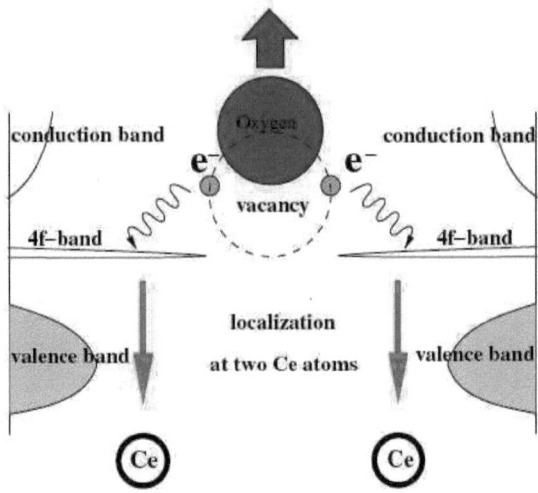

Abbildung 2.4: Mechanismus der Defektbildung in Cerdioxid [?].

ner Reduktion von Ce^{4+} zu Ce^{3+} und zur Besetzung der f-Zustände, dabei erhält das CeO_{2-x} eine elektronische Leitfähigkeit. Die Bildung von Ce^{3+} ist mit einer Relaxation um die einzelnen Defekte begleitet. Diese Relaxation liegt an den Anziehungskräften zwischen den Leerstellen und den Ce^{4+}-Ionen (positives elektrostatisches Feld). Das resultierende Ce^{3+} nimmt in der Größe zu und schiebt die benachbarten Sauerstoffatome weiter weg (Abstoßungseffekt zwischen O^{2-} und Ce^{3+}).

2.3.1 Die (111)-Ebene des Cerdioxids

Namai et al. [?] haben gezeigt, dass die CeO$_2$(111)-Oberfläche (siehe Abbildung [2.5]) thermodynamisch stabil ist. Esch et al.[?] haben atomar aufgelöste STM-Aufnahmen der CeO$_2$(111) abgebildet und konnten damit zeigen, dass die Oberfläche immobile Punktdefekte (Sauerstoffleerstellen) bei Raumtemperatur enthält, die sich bei höheren Temperaturen zu linearen Defekten arrangieren. Unter Reduktionsbedingungen lassen sich Sauerstoffleerstellen, die die Adsorbate stärker binden können [?], auf der CeO$_2$(111)-Oberfläche schnell bilden und entfernen.

Hexagonal arrangierte Sauerstofflücken, Punktdefekte und multiple Leerstellen wie triangulare Defekte und Liniendefekte wurden mit noncontact-AFM beobachtet [?]. Die NC-AFM-Messungen bestätigen, dass die Bildung von multiplen Defekten auf leicht reduzierten CeO$_{2-x}$-Schichten mit lokaler Rekonstruktion der Oberfläche verbunden ist und die Sauerstofffatome bei Raumtemperatur zu den benachbarten Leerstellen springen. Es wurde festgestellt, dass CeO$_2$(111) nur mit Sauerstoff an der Toplage (O-Ce-O) entlang der (111)-Ebene terminiert sein kann [?]. Nörenberg et al.[?, ?]

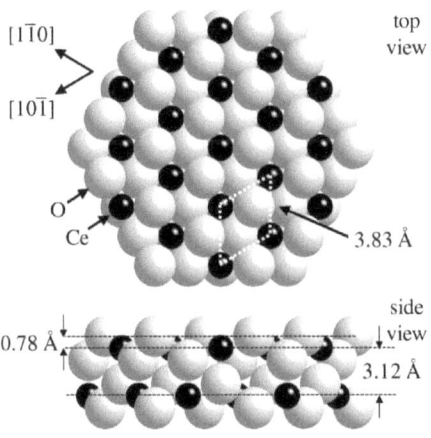

Abbildung 2.5: Kugelmodell für CeO2(111) [?].

bestätigten mit Hilfe des Rastertunnelmikroskops die Bildung triangularer und linienhafter Defekte CeO$_2$ beim Tempern zwischen 950 und 1030 °C. Das Tempern der CeO$_2$(111)-Oberfläche auf 1173 K unter UHV-Bedingungen für 60 s führt zur Bildung von Terrassen, die durch Stufen der Höhe 3 Å getrennt sind, was mit dem theoretischen Wert (O-Ce-O =3 Å) übereinstimmt. Das ist konsistent mit Sauerstoffterminierung der CeO_2(111)-Ebene.

Die Eigenschaften von Cerdioxid können durch gezielte Dotierung oder Kombination mit anderen Materialien auf das Anwendungsgebiet angepasst werden. So eignet sich Gadolinium-dotiertes Cerdioxid wegen der höheren Sauerstoffionenleitfähigkeit zur Anwendung als Festelektrolyt in Brennstoffzellen im mittleren Temperaturbereich von 500 bis 700 °C. Das Einbringen von zwei- oder dreiwertigen Kationen kann die Reduktionsenergie des Ce^{4+} im Allgemeinen noch weiter senken [?]. Der Grund liegt in einer Verminderung der Gitterverzerrung, die durch die Reduktion des Ce^{4+} zum Ce^{3+} hervorgerufen wird. Der erhöhte Platzbedarf des Ce^{3+} verursacht Spannungen, die durch Sauerstoffleerstellen in einer benachbarten Position verringert werden können. Eine Vergrößerung der Gitterkonstante durch große Dotierungskationen trägt ebenfalls zur Stabilisierung des reduzierten Zustandes und einer erhöhten Reduzierbarkeit bei. Chretien et al.[?] haben DFT-Berechnungen an dotierten Metalloxiden durchgeführt; sie fanden, dass das Dotieren mit Au, Ag, Cu, Pt, Pd und Ni die Bindung der Sauerstoffatome auf Cerdioxid und Titandioxid schwächt und dadurch die Aktivität des Oxidationskatalysators erhöht. Sie fanden auch, dass Dotiermaterialen mit höher Affinität die Bindungsenergie von Sauerstoffatomen in der obersten Atomlage verringern. Das bewirkt eine Erhöhung der katalytischen Aktivität der Oberfläche.

2.4 Cu(111)-Oberfläche als Substrat für Ceroxidschichten

Da Ceroxid ein Isolator ist, lassen sich spektroskopische Messmethoden aufgrund der Aufladungeffekte auf der Ceroxidoberfläche nur schwer durchführen. Um diese Schwierigkeit zu umgehen bedient man sich leitender Metalloberflächen als Substrat für Ceroxidschichten. Im Vergleich mit den teuren Ru(0001) und Pt(111) Kristallen ist Cu(111) günstig und wurde daher in dieser Arbeit eingesetzt. Kupfer ist ein hellrotes, relativ weiches, dehnbares Metall mit einer Dichte von 8.92 g/cm^3, dessen Oberfläche an Luft langsam zu rotem Kupfer(I)-Oxid oxidiert. Nach Silber besitzt es die höchste elektrische (5,7 $\cdot 10^5$ W^{-1} cm^{-1} bei 295 K) und thermische (401 W m^{-1} K^{-1} bei 300 K) Leitfähigkeit [?, ?]. Aufgrund des vollständig gefüllten 3d-Bandes ist Kupfer chemisch relativ inert und wird deshalb als Münzmetall verwendet. Kupfer besitzt eine geringe Zustandsdichte an der Fermi-Kante [?]. Kupfer kristallisiert in kubisch flächenzentrierter (fcc) Struktur mit einer Gitterkonstanten von 3,61 Å. Der hier verwendete Kristall ist entlang der (111)-Ebene geschnitten.

Abbildung [2.6] zeigt die fcc-Struktur (a) und die (111)-Kristallebene (b) von Kupfer, wobei a die Gitterkonstante von Kupfer im realen Raum ist, während $a_{(111)}$ die Gitterkonstante der (111)-Elementarzelle ist. Der Schmelzpunkt von Kupfer beträgt 1357,6 K und gibt damit die Möglichkeit zum gefahrlosen Glühen der Probe bis etwa 1200 K.

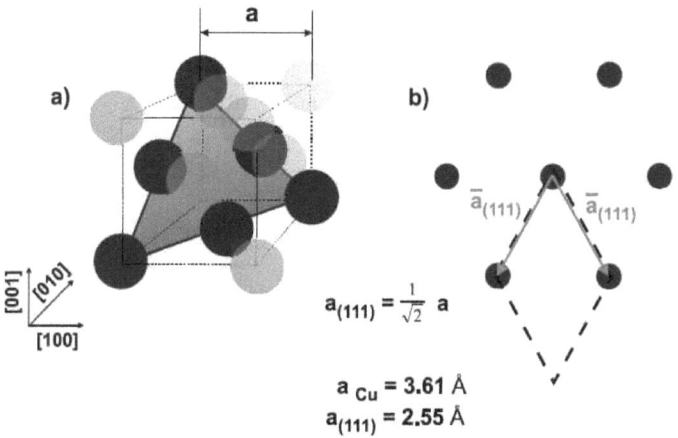

Abbildung 2.6: Kugelmodell der Cu(111): a) die fcc-Struktur des Kupfers; b) Die (111)-Ebene des Kupfers [?].

3 Grundlagen der experimentellen Methoden

Dieses Kapitel beschreibt die physikalischen Grundlagen der im Rahmen dieser Arbeit verwendeten experimentellen Methoden, die für Charakterisierung von Einkristallen und dünnen Filmen eingesetzt worden sind.
Alle Stoffe wechselwirken mit ihrer Umgebung durch ihre Oberfläche. Die physikalische und chemische Zusammensetzung dieser Oberfläche beeinflusst dabei maßgeblich die Eigenschaften der Festkörper, z. B. in Korrosionsrate, katalytischer Wirkung, Adhäsionseigenschaften, Verschleiß etc. Trotz dieser wichtigen Eigenschaften befindet sich nur ein kleiner Teil der Atome des Körpers auf der Oberfläche. Um diese zu untersuchen und zu charakterisieren, werden analytische Verfahren genutzt, wie z. B. STM (Rastertunnelmikroskop), AES (Augerelektronenspektroskopie), Photoelektronenspektroskopie (XPS) und Beugung langsamer Elektronen (LEED).

3.1 Das Rastertunnelmikroskop

Das Rastertunnelmikroskop wurde 1982 von Gerd Binnig und Heinrich Rohrer entwickelt [?]. Nur vier Jahre später wurde diese Entwicklung 1986 mit dem Nobelpreis in Physik geehrt. Seitdem hat das Verfahren eine rasante Entwicklung erfahren und findet sein Einsatzbereich u.a. in der Festkörper- und Oberflächenphysik. Das Verfahren (siehe Abbildung [3.1]) beruht auf dem Tunneleffekt von Elektronen zwischen zwei sich nahe beieinander befindlichen Metallen (metallische Spitze und leitfähige Probe).
Das Rastertunnelmikroskop ist eine hochauflösende Untersuchungsmethode für Oberflächen. Die Oberfläche wird dabei durch Abtasten abgebildet. Dazu wird die Oberfläche Punkt für Punkt abgerastert. Die elektrisch leitende Spitze fährt bis auf einen geringen Abstand ca. 5 Å bis 10 Å zur untersuchenden Probe heran, so dass ein Elektronenaustausch stattfindet und nach Anlegen einer Spannung ein Tunnelstrom fließt. Die Tunnelstromstärke hängt exponentiell vom Abstand zwischen Probe und Spitze ab. Während des Rasterns über die Probe wird der Tunnelstrom gemessen. Mit Hilfe eines Computers können die Zeilen zu einem Bild zusammengesetzt werden, um so topografische Informationen über die Oberfläche zu erhalten. Das Rastertunnelmikroskop ist zwar eine direkt abbildende Methode, aber das gewonnene Bild stellt nicht direkt die Oberflächentopographie dar, sondern eine Fläche konstanter lokaler Zustandsdichte (LDOS), die von der elektronischen Struktur der zu untersuchenden Oberfläche abhängig ist. Rastern bei konstantem Abstand von der Spitze zur Probe wird Scannen im **Constant-Height-Modus** genannt. Dieser ist besonders schnell, jedoch nur bei ei-

ner sehr geringen Korrugation anwendbar. In allen Messungen dieser Arbeit wurde der gebräuchlichere **Constant-Current-Modus** verwendet. Dabei wird während des Scannens der Abstand von Spitze und Probe durch eine Feedbackschleife elektronisch geregelt und der Tunnelstrom (typischerweise im pA- bis nA- Bereich) konstant gehalten.
Das Rastertunnelmikroskop ist nicht abhängig von Vakuumbedingungen und wird

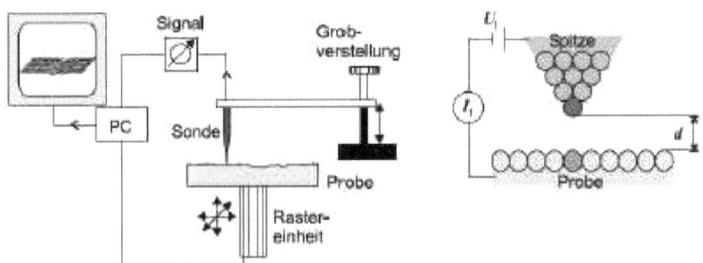

Abbildung 3.1: Links: Prinzip des Rastertunelmikroskops. Probe und Spitze werden zunächst mit Hilfe einer Grobverstellung angenähert. Die feine Annäherung sowie die Rasterbewegungen werden mit einer Rastereinheit durch Piezoelemente durchgeführt. Die Spitze gibt ein Signal an den Computer (PC), das mit der Oberfläche korreliert ist. Der Computer erzeugt eine Abbildung und steuert den Messvorgang. Rechts: Schematische Darstellung der Funktionsweise eines STM.

erfolgreich unter verschiedenen Atmosphären als auch in Flüssigkeiten angewendet. Die Messungen dieser Arbeit wurden ohne Ausnahme unter UHV-Bedingungen bei Raumtemperatur durchgeführt.

3.1.1 Tunneleffekt

Bei rein klassischer Betrachtungsweise würde ein Elektron, welches mit der Energie E auf die Potentialbarriere V_0 trifft, für den Fall $E < V_0$ reflektiert werden.

$$E = \frac{p_x^2}{2m} + V(x) \tag{1}$$

Dabei ist m die Masse und p_x der Impuls des Elektrons.
In der Quantenmechanik wird jedem Teilchen eine Wellenfunktion $\psi(x)$ zugeordnet, die der eindimensionalen, stationären und zeitunabhängigen Schrödinger-Gleichung gehorcht. So lässt sich ein Elektron innerhalb eines Metalls durch eine periodische Funkti-

on beschreiben, welche ins Vakuum exponentiell abfällt. Nähert man nun einen zweiten Leiter in einem Abstand d, so überlappen sich die Wellenfunktionen beider Materialien und es besteht eine Wahrscheinlichkeit für den Übergang durch die Potentialbarriere.

$$\frac{\hbar^2}{2m}\frac{d^2}{dx^2}\psi(x) + V(x)\psi(x) = E\psi(x) \qquad (2)$$

Im Falle einer Potentialbarriere endlicher Höhe mit einlaufender ebener Welle von links ist der allgemeine Lösungsansatz gegeben durch:

$$\psi(x) = \begin{cases} A_1 e^{-ilz} + A_2 e^{ilz}, & \text{Falls } x \leq 0 \\ B_1 e^{-kz} + B_2 e^{kz}, & \text{Falls } -a < x \leq +a \\ C_1 e^{-ilz}, & \text{falls } x > a. \end{cases} \qquad (3)$$

mit $l = \frac{\sqrt{2mE}}{\hbar}$, und $k = \frac{\sqrt{2m(V_0-E)}}{\hbar}$.

Mit Verwendung der Stetigkeitsbedingung der Wellenfunktion und ihrer Ableitung erhält man eine Lösung für die Schrödingergleichung im klassisch verbotenen Bereich (siehe Abbildung [3.2]). Die Lösung der Schrödinger-Gleichung (2) mit dem Ansatz (3) liefert für den Tunnelstrom I_T den folgenden Zusammenhang:

$$I_T \propto \exp(-4\frac{\sqrt{2m(V_0-E)}}{\hbar}a) = \exp(-2kd). \qquad (4)$$

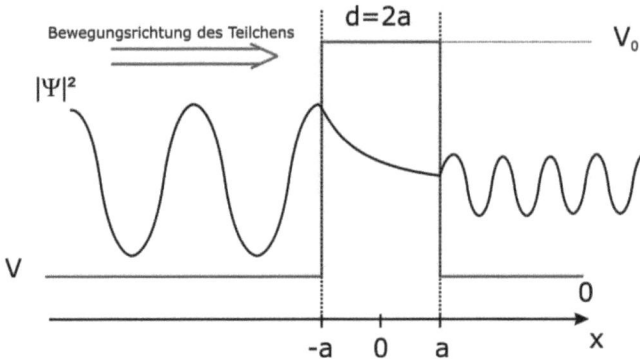

Abbildung 3.2: Tunneleffekt in der eindimensionalen Näherung: Aufenthaltswahrscheinlichkeit $|\psi|^2$ eines von links auf eine Potentialbarriere V_0 treffenden Teilchens.

Diese Gleichung besagt, dass das Elektron im klassisch verbotenen Bereich eine von Null abweichende Aufenthaltswahrscheinlichkeit hat und somit die Potentialbarierre überwinden kann. Dieser Prozess wird als Tunneleffekt bezeichnet. Außerdem gibt Gleichung (4) auch den exponentiellen Zusammenhang zwischen Tunnelstrom I_T und Breite d der Barriere an. Diese Beschreibung gilt allerdings zunächst nur für den eindimensionalen Fall einer kastenförmigen Potentialbarriere. Beim Rastertunnelmikroskop erfolgt dagegen das Tunneln zwischen einer leitfähigen Festkörperoberfläche und einer Metallspitze. Die zu durchtunnelnde Barriere ist in diesem Fall der Vakuumspalt zwischen der Festkörperoberfläche und der Tunnelspitze. Das entspricht zwar keinem Rechteckpotential, doch lässt sich der gleiche exponentielle Zusammenhang wie in Gleichung (4) zwischen Tunnelstrom I_T und der Breite d der Barriere feststellen [?, ?, ?, ?, ?]. Die exponentielle Abhängigkeit ist Voraussetzung für die hohe vertikale und laterale Auflösung, die mit einem Rastertunnelmikroskop erzielt werden kann.

3.1.2 Berechnung des Tunnelstroms nach Bardeen, Tersoff und Hamann

Ein realer Tunnelprozess zwischen einer Oberfläche (Sample) und einer Spitze (Tip) findet in drei Dimensionen statt, wobei in der Regel eine Vielzahl elektronischer Zustände zum Tunnelstrom beitragen. Bardeen [?] hat vorgeschlagen, von zwei schwach wechselwirkenden Systemen auszugehen, und den Tunnelstrom aufgrund des Überlapps von Wellenfunktionen mit Hilfe zeitabhängiger Störungstheorie erster Ordnung zu berechnen. Zunächst werden die Wellenfunktionen von Spitze ψ_μ und Probe ψ_ν getrennt als ungestörte Systeme mit Hilfe der Schrödinger-Gleichung beschrieben. Entsprechend Fermis Goldener Regel ergibt sich dabei für den Tunnelstrom

$$I_T = \frac{2\pi e}{\hbar} \sum_{\mu\nu} f(E_\mu)[1 - f(E_\nu + eU_T)]|M_{\mu\nu}|^2 \delta(E_\mu - E_\nu). \quad (5)$$

Dabei ist $f(E)$ die Fermi-Funktion, U_T die angelegte Spannung, $M_{\mu\nu}$ das Tunnelmatrixelement zwischen Zuständen ψ_ν der Oberfläche und ψ_μ der Spitze und E_μ die Energie des ungestörten Zustandes ψ_μ. Die Deltafunktion gewährleistet Energieerhaltung. Für hohe Temperaturen ist ein Term für den Fluss von Elektronen entgegen der angelegten Spannung zu ergänzen. In diesem Fall ist die Fermi-Kante thermisch so weit verbreitert, dass Elektronen von der positiven Elektrode elastisch in freie Zustände der negativen Elektrode tunneln können. Im Grenzfall niedriger Temperaturen kann man die Fermi-Funktion durch eine Stufenfunktion nähern und die Gleichung (5) vereinfacht sich unter der zusätzlichen Annahme geringer Spannungen bei Metallen zu

$$I_T = \frac{2\pi}{\hbar} e^2 U_T \sum_{\mu\nu} |M_{\mu\nu}|^2 \delta(E_\mu - E_F)\delta(E_\nu - E_F). \quad (6)$$

Nach Bardeen [?] ist das Tunnelmatrixelement

$$M_{\mu\nu} = \frac{\hbar^2}{2m}\int(\psi_\mu^*\nabla\psi_\nu - \psi_\nu\nabla\psi_\mu^*)d\vec{A}. \qquad (7)$$

wobei sich die Integration über eine beliebige Fläche innerhalb der Vakuumbarriere erstreckt.

Tersoff und Hamann [?] schlagen eine kugelsymmetrische Spitzengeometrie mit einer räumlich isotropen Spitzenwellenfunktion (s-Orbital) vor. Damit ergibt sich für kleine Biasspannungen U_T und tiefe Temperaturen sowie der Annahme gleicher Austrittsarbeiten von Spitze und Probe, folgender Ausdruck für den Tunnelstrom:

$$I_T = \frac{32\pi^3}{\hbar}(e\phi)^2 U_T \rho_T \frac{R^2}{k^4}e^{2kR}\sum_\nu|\psi_\nu(\vec{r}_0)|^2\delta(E_\nu - E_F) \qquad (8)$$

3.2 Beugung niederenergetischer Elektronen (LEED)

Die mittlere freie Weglänge ist ein Maß für die elastischen und inelastischen Streuprozesse, die angeregte Elektronen erfahren. Sie ist energie- und materialabhängig und beschreibt die Strecke, die ein Elektron im Mittel zurücklegt, bevor es inelastisch gestreut wird und legt damit die Austrittstiefe der Elektronen fest. Hieraus begründet sich die Oberflächensensitivität des LEEDs (Beugung niederenergetischer Elektronen). Davisson und Germer (1927) bestätigten durch die Beugung niederenergetischer Elektronen an Nickelkristallen [?] die Hypothese über Materiewellen von de Broglie (1924)[?]. Ihre Beobachtung eines Beugungsmusters entsprach der Beugungstheorie von Laue und Bragg (1912) für Röntgenstrahlen.

Die Wellenlänge λ einer Materiewelle ist laut de Broglie gegeben durch

$$\lambda = \frac{h}{m_e v} = \frac{h}{\sqrt{2m_e E_{kin}}}, \qquad (9)$$

mit:

- m_e: Masse des Elektrons,
- h: Plancksches Wirkungsquantum,
- v: Geschwindigkeit des Elektrons,
- E_{kin}: kinetische Energie des Elektrons.

Elektronen mit einer kinetischen Energie E_{kin} von 20-500 eV erfüllen diese Bedingung und werden daher häufig als Messsonden für die Oberflächenanalytik eingesetzt [?], [?]. Sie haben de Broglie-Wellenlängen von 0.5 - 4 Å, die im Bereich der Abstände von Oberflächenatomen liegen und somit lassen sich Beugungsexperimente mit langsamen Elektronen (low energy electron diffraction, LEED) an geordneten Festkörperoberflächen durchführen. Abbildung [3.3] zeigt die mittlere freie Weglänge von Elektronen in

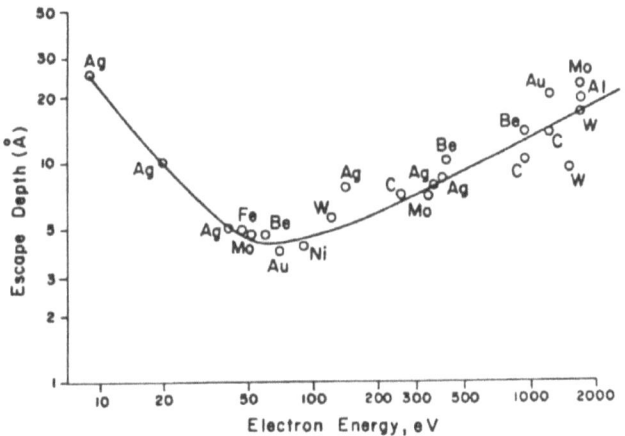

Abbildung 3.3: Mittlere freie Weglänge von Elektronen im Festkörper, in Abhängigkeit von ihrer kinetischen Energie [?].

einigen metallischen Festkörpern in Abhängigkeit ihrer kinetischen Energie. Abbildung [3.4] zeigt den schematischen Aufbau einer LEED-Apparatur und die Entstehung des Beugungsbildes anhand einer Ewald-Konstruktion. Niederenergetische Elektronen werden meist senkrecht auf eine geerdete Probe geschossen. Dort werden sie an den regelmäßigen Strukturen der Oberflächenatome gebeugt. Die gebeugten Elektronen durchlaufen die LEED-Optik (ein System aus konzentrisch angeordneten Gittern unterschiedlicher Spannung) und werden von dieser auf den Schirm nachbeschleunigt. In Richtungen konstruktiver Interferenz treten an dem ebenfalls konzentrisch um die Probe angeordneten Fluoreszenzschirm Beugungsreflexe auf. Durch eine Bremsspannung können im Gittersystem die inelastisch gestreuten Elektronen herausgefiltert und so der diffuse Bilduntergrund verringert werden (Supressor). Die Entstehung der Beugungsreflexe lässt sich als Streuung an einem periodischen Potenzial der Festkörperoberfläche

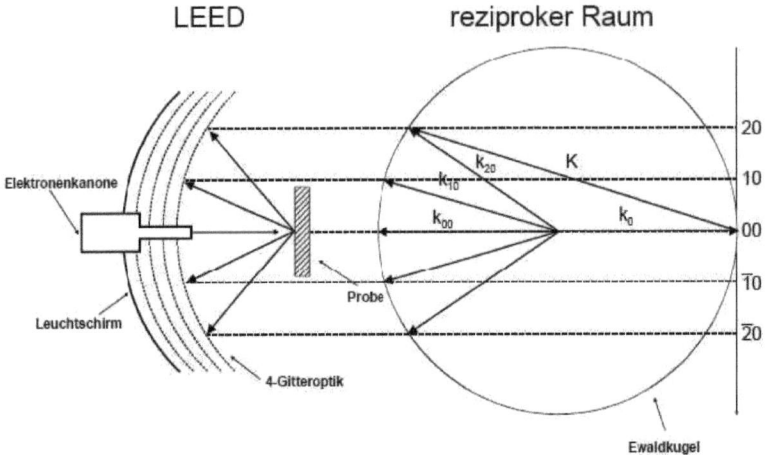

Abbildung 3.4: Aufbau des LEED-Systems und Beugungsmusterentstehung. Ein Elektronenstrahl wird von der Elektronenkanone auf die Kristalloberfläche fokussiert. Die am Kristall gebeugten Elektronen werden in der Gitteroptik nachbeschleunigt und erzeugen auf dem Leucht-Schirm das LEED-Bild [?].

verstehen. Sie treten nur dann auf, wenn die Laue-Bedingung erfüllt ist. Diese besagt, dass Streuvektor - also die Änderung des Elektronenwellenvektors beim Streuprozess - gleich einem reziproken Gittervektor ist. Diese Bedingung gilt sowohl für den dreidimensionalen Fall (Beugung an einem Kristallgitter), als auch in zwei Dimensionen (Beugung an einer Kristallfläche).
Die Wechselwirkung der Elektronen mit der Festkörperoberfläche wird dabei als elastische Streuung einer ebenen Welle an einem zweidimensionalen Gitter behandelt, dabei wird die dritte Dimension aufgrund der geringen Eindringtiefe der Elektronen vernachlässigt.
Trifft ein Elektron mit dem Impuls $\vec{k}_0$ auf die Oberfläche, bilden die möglichen Impulsvektoren elastisch gestreuter Elektronen eine Kugel mit dem Radius k_0 um den Anfangspunkt. In zwei Dimensionen gehen in die Beugungsbedingung nur die Parallelkomponenten von einfallender und gestreuter Welle ein:

$$\vec{k}_0 - \vec{k}_{aus} = \Delta \vec{k} = \vec{G} \qquad (10)$$

wobei $\vec{k}_0$ der Wellenvektor der eingestrahlten Welle, $\vec{k}_{aus}$ der Wellenvektor der gestreuten Welle und $\vec{G}$ der reziproker Gittervektor ist.

Man erhält die Laue-Bedingung, indem Gleichung (10) mit den Basisvektoren $\vec{a}_i$ des realen Gitters multipliziert wird.

$$\vec{a}_i \cdot \vec{G} = 2\pi n_i. \qquad (11)$$

Die Laue-Bedingung ist an den Schnittpunkten zwischen der Kugel und den Stäben des reziproken Gitters erfüllt. Es kommt hier zu konstruktiver Interferenz. Durch die konzentrische Anordnung des Leuchtschirms um die Probe sind nun Beugungsreflexe aus einem Kugelsegment der Ewald-Kugel zu sehen. Wird die Energie der Elektronen und damit ihr Impuls $\vec{k}_0$ erhöht, vergrößert sich der Radius der Ewald-Kugel. Es entstehen mehr Schnittpunkte zwischen der Ewald-Kugel und den Stäben des reziproken Gitters, d. h. mehr Beugungsreflexe auf dem Leuchtschirm.

Je höher die kristallographische Qualität einer Kristalloberfläche ist, umso schärfer sind die Beugungsreflexe, und umso geringer ist die Hintergrundintensität bei LEED-Aufnahmen. Defekte (Punktdefekte, Stufen, Versetzungen), Adsorbate und implantierte Fremdatome verbreitern die Reflexe und erhöhen die Hintergrundintensität aufgrund von Streuprozessen der Elektronen an diesen statistischen Streuzentren.

3.3 Die Auger-Elektronen-Spektroskopie (AES)

Die Auger-Elektronen-Spektroskopie (AES) ist eine oberflächensensitive Methode zur chemischen Analyse der Probenoberfläche. Sie basiert auf dem von Pierre Auger im Jahre 1925 gefundenen inneren Photoeffekt [?, ?, ?, ?]. Er beobachtete, dass bei der Bestrahlung von Atomen mit Röntgenstrahlung nicht nur Photoelektronen erzeugt werden, sondern dass am Entstehungsort des Photoelektrons ein weiteres Elektron, das später nach ihm benannte Auger-Elektron, emittiert wird. Diesen Effekt hatte bereits Lise Meitner 1922 beobachtet [?].

Lander zeigte im Jahre 1953 [?], dass der Auger-Effekt auch bei Beschuss einer Probe mit Elektronen beobachtet werden kann. In diesem Abschnitt interessiert uns ausschließlich die durch den Elektronenstrahl induzierte Ionisierung der Atome.

3.3.1 Der Auger-Effekt

Der Auger-Effekt lässt sich als strahlungslose Emission eines Elektrons aus einer inneren Elektronenschale eines angeregten Atoms verstehen. Wird ein Atom in einer inneren Schale z. B. durch Beschuss mit energiereichen Elektronen (Primärelektronen) oder Röntgenstrahlung ionisiert, kann die durch Wiederbesetzung des entsprechenden

Energieniveaus mit einem Elektron aus einer höheren Schale frei werdende Energie strahlungslos auf ein weiteres Elektron übertragen werden, dessen Energie danach ausreicht, um das Ion zu verlassen. Das frei werdende Elektron wird als Auger-Elektron bezeichnet. Die frei gewordene Position in der Schale des Auger-Elektrons wird nun wieder von einem Elektron einer höheren Schale besetzt, wobei es erneut zur Emission von Auger-Elektronen kommen kann.

Die kinetische Energie der freigesetzten Auger-Elektronen ist von der freigesetzten

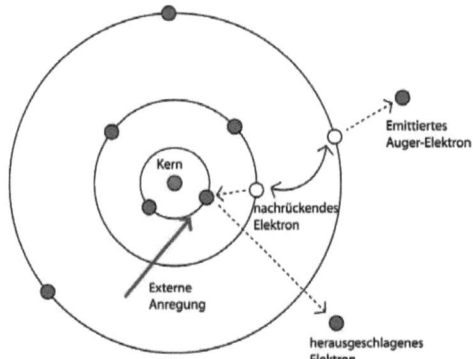

Abbildung 3.5: Schematische Darstellung des Auger-Effekts [?] (KLM-Auger- Prozess).

Energie bei Wiederbesetzung der zuerst ionisierten Schale durch das Elektron aus der höheren Schale abhängig, also der Energiedifferenz beider Schalen (siehe Abbildung [3.5]).

Die Energie des Auger-Elektrons ist nicht mehr von der Energie des Primärelektrons oder des Photons abhängig, sondern allein abhängig von den Energieniveaus der beteiligten Atomen.

$$E_{kin} = E_K - E_L - \phi_A, \tag{12}$$

wobei ϕ_A die Austrittsarbeit des einfach ionisierten Ions ist, E_K und E_L die Energien der beteiligten Zustände sowie E_{kin} die Energie des Auger-Elektrons. Sie ergibt sich aus dem Energieniveau des ursprünglichen unbesetzten Zustands, dem Ausgangsniveau des Elektrons, das den Zustand füllt, sowie dem Ausgangsniveau des Auger-Elektrons. Wird ein Elektron in der K-Schale herausgelöst, der freiwerdende Platz durch ein Elektron der L-Schale gefüllt und ein Elektron der M-Schale ausgestrahlt, wird dieses Elektron als KLM-Auger-Elektron bezeichnet.

Der Auger-Effekt konkurriert mit der Emission von Röntgenstrahlung. Für Atome mit niedriger Kernladungszahl tritt bevorzugt Röntgenemission auf, für Atome mit höherer Kernladungszahl vorwiegend der Auger-Effekt. Die chemische Analyse mit Augerelektronen-Spektroskopie ist deswegen auf leichtere Elemente beschränkt.

3.3.2 Die Augerelektronen-Spektroskopie

Das Kernstück bildet der Zylinderspiegelanalysator (CMA, cylindrical mirror analyzer). Mittels einer in diesen Analysator integrierten Elektronenkanone werden Elektronen mit Primärenergien von 2500 eV erzeugt, die senkrecht auf die Probe geschossen werden. Die Probe wird zur Vermeidung von Aufladungen sowie der damit einhergehenden Signalverzerrung geerdet. Die von der Probe emittierten Sekundärelektronen treten durch eine ringförmig angeordnete Eintrittsblende in den Zylinderanalysator und werden dort nach ihrer kinetischen Energie selektiert und gezählt.

Zwischen inneren und äußeren Zylinder liegt eine Spannung, so dass nur Elektronen eines bestimmten Energiebereiches die beiden Zylinder passieren können; alle anderen prallen gegen die Zylinderwände und können nicht bis zum Sekundärelektronen-Vervielfacher vordringen. Variiert man nun die Spannung, so kann man ein ganzes Energiespektrum durchfahren.

Da die Wahrscheinlichkeit, dass ein Auger-Elektron direkt den Festkörper verlässt nur sehr gering ist, sind auch die Peaks im Energiespektrum nur sehr klein. Viel mehr finden im Festkörper Sekundärprozesse statt, die den größten Anteil im Energiespektrum ausmachen. Um die Auger-Peaks dennoch möglichst gut nachweisen zu können, bedient man sich auch hier der Lock-In-Messtechnik. Dabei gibt man auf die Zylinder zusätzlich eine Wechselspannung, welche gleichzeitig einem Lock-In-Verstärker als Referenz dient. Man misst dann nur noch den Anteil gleicher Frequenz und erhält ein Signal, abgeleitet nach der Energie.

3.4 Die Photoelektronenspektroskopie

Photoemissionsspektroskopie (PES) ist eine wichtige Methode zur Untersuchung der elektronischen Struktur von Atomen, Molekülen und Festköpern und beruht auf dem von Einstein im 1921 mit Hilfe der Quantenhypothese gedeuteten äußeren Photoeffekt [?].

Die Photoelektronenspektroskopie wurde Mitte der sechziger Jahre von Kai Siegbahn und dessen Forschungsgruppe an der Universität von Uppsala in Schweden entwickelt.

Für diese Erfindung wurde Siegbahn 1981 mit dem Nobelpreis für Physik ausgezeichnet.
Bestrahlt man einen Festkörper mit monochromatischen Photonen, werden je nach eingestrahlter Energie unterschiedliche Anregungsprozesse stattfinden. Wenn die Energie um einige keV gesteigert wird, werden Atome ionisiert und somit Photoelektronen aus besetzten in unbesetzte Zustände (innerhalb der Probe) angeregt [?]. Zur Anregung

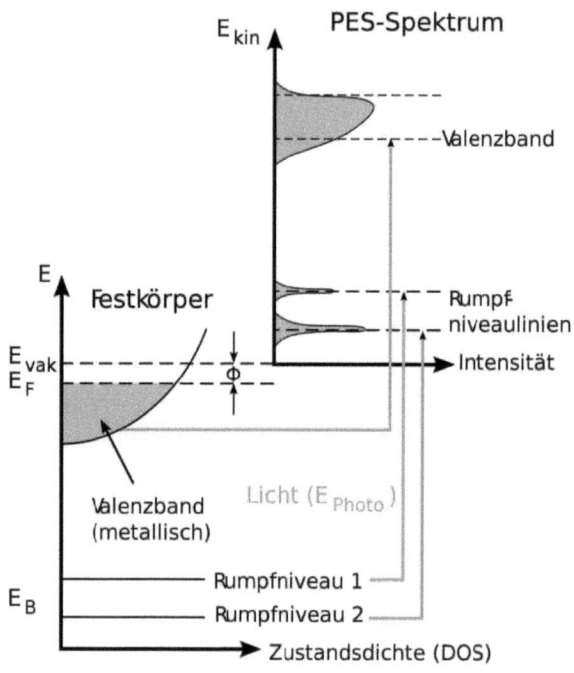

Abbildung 3.6: Vereinfachtes Schema der PES vom Photoeffekt zum gemessenen Spektrum [?].

der Photoelektronen werden meistens Gasentladungslampen und Röntgenröhren verwendet. Es werden weiche Röntgenstrahlung (XPS) für die Anregung von kernnahen Elektronen und energiereiche Ultraviolettstrahlung (UPS) für die Anregung von Valenzelektronen verwendet. XPS ermöglicht die Untersuchung der Bindungsenergie der Rumpfniveaus und eignet sich daher zur Elementanalyse von Materialien. Die chemische Umgebung eines Atoms ändert außerdem in charakteristischer Weise die Bindungsenergie seiner Rumpfniveaus. Es bewirkt einen "chemical shift", der Informationen über den Oxidationszustand und die Bindungspartner des untersuchten Elements liefert. Die Bindungsenergie der Elektronen in den einzelnen Schalen können einem bestimmten Element zugeordnet werden.

Verlässt ein Elektron mit der Bindungsenergie E_B, angeregt von einem Photon der Energie $h\nu$, den Festkörperverband, muss es eine Potenzialbarriere -die Austrittsarbeit- Φ_s überwinden und verliert dabei Energie. Die kinetische Energie E_{kin} des Photoelektrons ist

$$E_{Kin} = h\nu - E_B - \Phi_s. \tag{13}$$

Eine Retardierungsspannung U_R zwischen Analysator und Probe verringert die kinetische Energie des Photoelektrons um den Wert eU_R, zusätzlich gewinnt das Photoelektron beim Eintritt in den Analysator die Energie $e\Phi_s$ zurück, wenn zwischen Probe und Analysator ein elektrischer Kontakt besteht. Die Energieanalyse erfolgt in elektrostatischen Analysatoren letztlich, indem die Elektronen einen Bandpassfilter durchlaufen und nur Elektronen einer bestimmten kinetischen Energie, der sogenannten Passenergie E_P, detektiert werden. In der Tat muss das Photoelektron die Analysator-Austrittsarbeit Φ_a überwinden. Es folgt:

$$E_{kin} - eU_R + \Phi_s - \Phi_a = E_{pass}. \tag{14}$$

Es gilt als Bilanz für E_B folgende Beziehung:

$$E_B = h\nu - \Phi_a - (eU_R + E_{pass}), \tag{15}$$

wobei $(eU_R + E_{pass})$ die gemessene kinetische Energie darstellt.

Da sich die Photoemission bei der Untersuchung von Festkörpern durch hohe Oberflächenempfindlichkeit auszeichnet und darüber hinaus unter bestimmten Voraussetzungen die Möglichkeit besteht, zwischen verschiedenen Elementen und Atomen in verschiedenen Lagen zu unterscheiden, ist sie für die Untersuchung von chemischen Reaktionen auf Metalloberflächen sehr gut geeignet.

Absorbiert ein Elektron aus dem Anfangszustand $|\Phi_i>$ mit einer Anfangsenergie E_i unterhalb der Fermienergie E_F einen Photon mit einer Energie $h\nu$, wird in einer Endzustand $|\Phi_f>$ mit einer Endenergie E_f oberhalb der Vakuumsniveau E_{vac} angeregt. Die Übergangsrate $T_{i \to f}$ wird durch Fermis Goldene Regel beschrieben,

$$T_{i \to f} = \frac{2\pi}{\hbar} |<\Phi_f|H_{ww}|\Phi_i>|^2 \delta(E_f - E_i - h\nu) \tag{16}$$

$\delta(E_f - E_i - h\nu)$ beschreibt der Energieerhaltungssatz, $H_{ww} = \frac{e}{2mc}\vec{A}\cdot\vec{P}$ ist der Hamilton-Operator und beschreibt die Wechselwirkung zwischen Photonen und Elektronen. Hierbei ist $\vec{A}$ das Vektorpotential und $\vec{P} = -i\hbar\vec{\nabla}$ das Impulsoperator des photoemittierten Elektrons mit der Masse m. Unter der Energieerhaltsbedingungen können nur Übergänge, welche die Relation $E_f = h\nu - E_i$ erfüllen, vorkommen.

3.4.1 Resonante Photoemission

Man kann die Photonenenergie so wählen, dass der Wirkungsquerschnitt einer Emission eines Photoemissionsspektrums gegenüber anderer Emissionen verstärkt wird [?]. Dafür nutzt man die sogenannte resonante Photoemission. Diese Methode beruht darauf, dass man eine Photonenenergie verwendet, die nahe einer sogenannten Absorptionskante liegt, mit der es also möglich ist, ein Rumpfelektron in unbesetzte Zustände direkt oberhalb der Fermi-Kante anzuregen. Es wird dabei auch ein Resonanzeffekt auftreten, der zur Verstärkung oder Dämpfung der Photoemission führt.
Resonante Photoemission (RESPES) kann dann auftreten, wenn zwei Anregungsprozesse in dem selben Endzustand existieren. Das ist dann der Fall, wenn die Auswahlregel $l \rightarrow (l+1)$ einen Übergang in einen Endzustand erlaubt, der eine teilweise gefüllte innere Schale zurückläßt [?]. Zusätzlich muss die anregende Photonenenergie mit der Bindungsenergie der beteiligten inneren Schale übereinstimmen.
Im Folgenden wird die resonante Photoemission am Beispiel der 4d→4f-Resonanz dargestellt, wie sie in der vorliegenden Arbeit angewandt wird. Verwendet man für die 4f-Photoemission eine Photonenenergie im Bereich der 4d→4f-Absorptionskante, gibt es zwei mögliche Kanäle, den PE-Endzustand zu erreichen.
Abbildung [3.7] zeigt neben dem direkten Kanal, der dem Photoemissionsprozesse wie

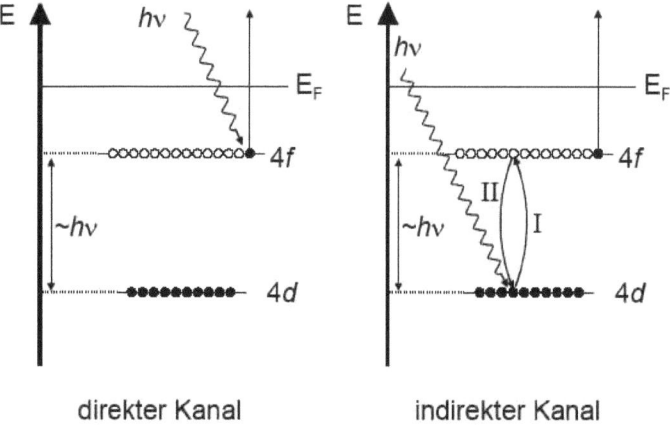

Abbildung 3.7: Resonante Photoemission am Beispiel der 4d→4f-Resonanz [?].

bei nichtresonanter Photonenenergien entspricht,

$$4d^{10}4f^1 + h\nu \to 4d^{10}4f^0 + e^-,$$

einen indirekten Kanal, bei dem zuerst ein 4d-Elektron in die 4f-Schale angeregt wird. Danach findet einen Zerfall dieses Zustands über den sogenannten Super-Coster-Kronig-Prozess in den Endzustand statt:

$$4d^{10}4f^1 + h\nu \to 4d^94f^2 \to 4d^{10}4f^0 + e^-.$$

Die beiden Kanäle können in Abhängigkeit von der Photonenenergie konstruktiv oder destruktiv miteinander interferieren. Der Interferenz beider Kanäle und somit auch der Photoemissionsquerschnitt wurde auch als Fano-Resonanz erklärt [?]. Es gilt für den Photoemissionsquerschnitt folgende Gleichung:

$$\sigma(\eta) \simeq \frac{(\eta+q)^2}{\eta^2+1}, \qquad (17)$$

mit

$$\eta = \frac{h\nu - h\nu_r}{\Gamma},$$

$h\nu_r$ ist die Resonanzenergie, q beschreibt der Asymmetrie der Fano-Linie und Γ ist die Lebensdauerbreite der Fano-Linie.

In der vorliegenden Arbeit wird der Effekt der resonanten Emission zur Verstärkung der Ce 4f-Intensität ausgenutzt. Zur Bestimmung der Photonenenergie, die zu einer maximalen Verstärkung führt, wurden Photoabsorptionsspektren im Bereich der 4d→4f-Resonanz aufgenommen. Die Ce 4f-Intensität relativ zur O 2p-Emission im resonanten Spektrum bei $h\nu = 121{,}4$ eV (On-Resonanz für Ce^{3+}) bzw. 124,8 eV (On-Resonanz für Ce^{4+}) ist sehr viel höher als im nicht resonanten Fall bei $h\nu = 115$ eV.

3.5 Schwingquarz

Mit Hilfe einer Schwingquarz-Mikrowaage besteht die Möglichkeit der Bestimmung von Schichtdicken und Verdampfraten für einem Aufdampfprozess. Das Verfahren beruht auf der Frequenzänderung eines Piezo-Quarzes in Abhängigkeit von der darauf abgeschiedenen Masse. Für die Bestimmung der Schichtdicke ist die Dichte des abgeschiedenen Materials und die Dichte des Schwingquartzes notwendig. Es verringert sich die Frequenz der Oszillation nach der Abscheidung einer Masse. Es besteht ein linearer Zusammenhang zwischen Frequenzänderung Δf und Massenbeladung Δm. Es gilt nach Sauerbrey für die Frequenzänderung Δf [?],

$$\Delta f = \frac{2f_0^2}{A\sqrt{\rho_q \cdot \mu_q}} \Delta m. \tag{18}$$

Hierbei bezeichnet f_0 die Resonanzfrequenz der Quarzplättchen, ρ_q und μ_q sind die Dichte und das Schermodul des Quarzes, A die Elektrodenfläche und Δm die zusätzliche Massenbelegung durch die zu untersuchende Substanz. Nach dem Einsetzen der Sauerbreykonstante S_f vereinfacht sich die Gleichung [18] zu:

$$\Delta f = -S_f \cdot \frac{\Delta m}{A}. \tag{19}$$

Die Sauerbreykonstante S_f, oder auch Schichtwägeempfindlichkeit genannt, ist eine materialspezifische Größe.

4 Beschreibung der Aufbauten

4.1 Pumpstand in Düsseldorf

Abbildung 4.1: Foto der Ultahochvakuumapparatur.

In Abbildung [4.1] wird eine Photographie der von 2008 bis 2011 aufgebauten Ultrahochvakuum-Anlage gezeigt, die aus insgesamt zwei Präparationskammern, einer Analysenkammer, zwei STM-Kammern, einer Zentralkammer und einer HREELS-Kammer besteht.

Die Präparationskammern sind mit einer 4-Gitter-LEED-Optik (VSI), Micro-LEED (WA Technology), einem CMA (OPC-105, Riber) für die Auger-Elektronen-Spektroskopie, x, y, z, ϕ-Manipulatoren mit integrierter Elektronenstoß-Heizung ausgestattet. Zur Probenpräparation befindet sich jeweils eine Ar^+-Sputterquelle (IQE 11/35, SPECS) in der Präparationskammer, Gasdosierventilen. Um Cer, Palladium und Gold aufdampfen zu können, befindet sich in der Präparationskammer eine Dreifach-Elektronenstoß-Verdampferquelle.

Für die Anregung der Photoemission für die XPS-Untersuchungen ist an der Analy-

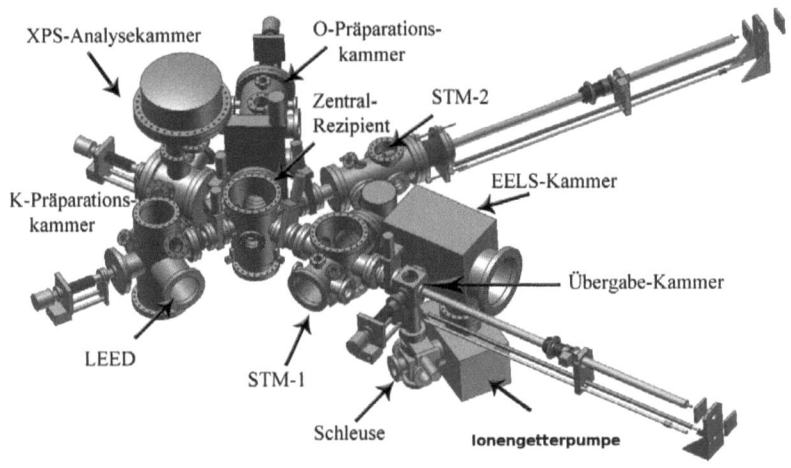

Abbildung 4.2: Schematische Darstellung der UHV-Apparatur.

senkammer eine nichtmonochromatische Doppelanoden-Röntgenquelle (Al$_{k_\alpha}$ und Mg$_{k_\alpha}$, Specs) und ein Energieanalysator (EA10plus, Specs) für Röntgenphotoelektronenspektroskopie angeschlossen. Zur mikroskopischen Oberflächenuntersuchung befindet sich in den zwei STM-Kammern jeweils ein Besocke-STM-Kopf. Alle Kammern sind über Gateventile zum Zentral-Rezipienten verbunden.

Die Übergabe der Probenhalter erfolgt mittels zweier Magnet-Transferstäbe, die am Ende Gabeln mit gelagerten und gefederten Zinken zum Eingriff in die seitlichen Nuten am Probenhalter haben.

Gepumpt wird mit zwei Rotationspumpen (Trivac NT 10), vier Turbomolekularpumpen (LH Turbotronik MT 151/361, Balzers, Pfeiffer TCP 121, abtrennbar über Gatebzw. Eckventile), fünf Ionenpumpen (Meca 2000, Varian, Riber) und drei Titansublimationspumpen (LH, AML), eine davon mit LN$_2$-Kühlfalle. Drucksonden vom Heiß- (AML und Terranova 935) und Kaltkathodentyp (Balzers, Pfeifer) sind in jeder Kammer vorhanden. Die gesamte Apparatur kann über vier Luftfedern angehoben werden, um eine gute Entkopplung von mechanischen Schwingungen zu gewährleisten.

Zur Ansteuerung und Rückmeldung von Betriebszuständen der Komponenten der UHV-Apparatur (Pumpen, Ventile, Drucksonden) kommen verschiedene Schnittstellen-Karten am PC zum Einsatz, die in ein LabVIEW-Programm "GGSteuerung 20.vi" eingebunden sind. Digitale Informationen (z. B. über den Status der Turbomolekular-, Rotations-,

Ionenpumpen, über den *Offen-* oder *Geschlossen-* Zustand der Gate-Ventile) werden über insgesamt drei 64-Kanal-TTL-I/O-Karten (PCITTL64IO, Quancom) eingelesen. Dazu wurden die Relais-Kontrollausgänge der Pumpenelektroniken und der Mikroschalter an den Ventilen geeignet beschaltet.
Ein spezielles Beispiel für die Ansteurung der elektropneumatischen Gate-Ventile zeigt die Abbildung 4.3. Die Ausgänge der 64-Kanal-TTL-I/O-Karten werden verwendet, um

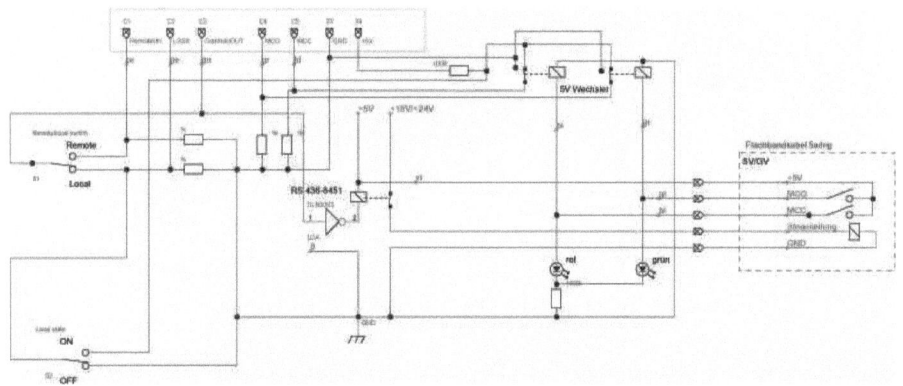

Abbildung 4.3: Schaltdiagramm der Schnittstelle zwischen 64-TTL-I/O-Karte (Anschlüsse C1 bis C5, 33 und 34 über 34-poliges Flachbandkabel und elektropneumatisch betriebenen Gateventil (über 34-poliges Flachbandkabel und Verteilung auf 5-adrige Kabel). Die Schnittstelle erlaubt Umschaltung zwischen Remote/Local-Betrieb und Öffnen/Schließen im Local-Betrieb; dabei wird der Ist-Zustand des Ventils übertragen. C1, C2, C5 und C6 sind Eingänge der TTL-Karte, C3 ist ein Ausgang. Insgesamt sind 10 Schaltkreise vorhanden.

digitale Befehle der Software über Relaistreiber-ICts (ULN2003, Texas Instruments) an die Elektroniken zu übermitteln (z. B. um Pumpen ein- und auszuschalten, Ventile zu öffnen und zu schließen, Drucksonden zu betätigen usw.).
Analoge Informationen werden über eine 16x16-Bit-AD/4x12-Bit-DA-Wandlerkarte (PCIAD16DAC4, Quancom) eingelesen (z. B. von allen Drucksonden, von den beiden zentralen 5 V und 12V-Versorgungsspannungen, über die Netzgeräte-Spannungen etc.) und ausgegeben (z. B. die Kontrollspannungen für die Netzgeräte, die über Isolations-Operationsverstärker (AD210, Analog Devices) eingespeist werden, die Kontrollspannungen für die LEED-Elektronik etc.). Über Relais, die von der TTL-IO-Karte geschaltet werden, verteilen sich dabei je nach Anwendungsfall die vier am DA-Wandler zur

Verfügung stehenden Steuerspannungen an die verschiedenen Netzgeräte; es stehen zur Verfügung:

- Ein 20V-20A-Netzgerät mit 2,3V-Schnittstelle für die Versorgung der insgesamt 6 Heiz-Filamente (je zwei für jeden der drei Manipulatoren; diese werden jeweils nach Bedarf über zugeordnete Relais an das Netzgerät geschaltet).

- Ein Mittelspannungsnetzgerät (EA HV 5012-200 für 1200 V, 200 mA, erweitert mit Remote-Steuerung über Isolationsoperationsverstärker) für die Hochspannungs-Versorgung der drei Elektronenstrahlheizungen an den Manipulatoren; dabei werden die Probenhalter über ein Öffner-Hochspannungsrelais und ein Schließer-Hochspannungsrelais an den Ausgang des Netzgeräts bzw. über ein Digital-Amperemeter (HM8112-3, Hameg) über eine RS232-Schnittstelle mit dem PC verbunden.

- Ein 20V-20A-Netzgerät mit 2,3V-Schnittstelle, gemeinsam genutzt für alle bipolaren Schrittmotoren sowie nach Bedarf und, über Relais geschaltet, für andere Zwecke.

- Ein 40V-10A-Netzgerät mit 2,3V-Schnittstelle, gemeinsam genutzt für alle unipolaren Schrittmotoren sowie nach Bedarf, und über Relais geschaltet, für andere Zwecke (z. B. zum Betrieb der insgesamt 6 Filamente der drei Elektronenstoss-Verdampferquellen).

- Ein 1200V-60mA-Mittelspannungsgerät (MCP 140-2000, FUG Elektronik), angesteuert und ausgelesen über eine RS232-Schnittstelle für die Hochspannungs-Versorgung der drei Elektronenstoß-Verdampferquellen mit getrennter Strom und Spannungsregelung.

Die Eingangsbuchsen der zwei Schrittmotorsteuerkarten (MSE570 EVO2, McLennan) für die bipolaren und unipolaren Schrittmotoren (RS Components mit verschiedenen Getrieben) werden über Relais an die jeweiligen Netzgeräte geschaltet, die Ausgänge über andere, jedem einzelnen Motor zugeordnete Relais geschaltet. Die Eingänge der Schrittmotorsteuerkarten für die Pulsspannung Clock und den Drehsinn werden über ein Relais mit dem Generator verbunden bzw. sind direkt mit einem Ausgang der TTL-Karte verbunden. Typischerweise besteht die durch den PC gegebene Anweisung z. B. zum Öffnen eines Dosierventils also aus einer zeitlich genau festgelegten Abfolge von Steuerbefehlen an eine Vielzahl von Relais: 1. Verbinde Motor mit Karte, 2. Verbinde Karte mit Ausgang von Netzgerät, 3. Verbinde Kontrollspannung des DA-Wandlers mit Eingang des Netzgeräts, 4. Fahre Kontrollspannung hoch, 5. Messe Ausgangsspannung, 6. Lege Drehsinn fest, 7. Berechne die Zeit für das Öffnen des Ventils, damit ein bestimmter Druck eingestellt wird, 8. Verbinde den Generator für diese Zeit mit dem Clock-Eingang der Karte, usw. Eine Wartezeit verhindert dabei die Beschädigung der Karte, wenn der Motor abgetrennt wird. Vorteil dieses Verfahrens ist es, dass mit nur zwei Karten eine große Anzahl von Schrittmotoren sequentiell gesteuert wird. Für die fünf Kammern besteht eine getrennte Ausheizsteuerung, die ebenfalls von der Software über die TTL-Karte gesteuert wird (dazu dienen 220 V Leistungsrelais für die Heizkacheln sowie fünf Pt100-Widerstände zur Temperaturbestimmung mittels AD-Wandlung der Spannung einer Konstantstromquelle). Die Titansublimationspumpen werden über ein steuerbares Netzgerät und verschiedene 80A-Hochstromrelais zeitabhängig gesteuert. Die Software überwacht dabei das Vorhandensein typischer Druckänderungen, die sich bei Betrieb des Sublimators normalerweise ergeben und zeigt Fehlfunktionen an.

Der Steuer-PC ist über eine TCP-Leitung mit einem zweiten, speziell für die Spektroskopie eingesetzten PC verbunden und kann mit diesem kommunizieren. Dieser PC verfügt über eine GPIB-Schnittstelle (PCI-GPIB, National Instruments) und ist mit einem Frequenzzähler (Agilent 53131A), einem DSP-lock-in-Verstärker (Stanford Research SR-810) sowie einem 2x16-Bit-DA-Wandler (4861A-12, Meilhaus electronic) verbunden. Der Frequenzzähler wird zum Auslesen des Schwingquarz-Oszillators und der Impuls-Vorverstärker der Spektrometer eingesetzt, der 16-Bit-DA-Wandler dient zur Ansteuerung des Energieanalysators.

Das Steuerprogramm GG-Steuerung20.vi kann durch die Verwendung der störsicheren Relais 1 alle notwendigen elektrischen Verbindungen herstellen, sei es ummittelbar zur Probe, zu den Filamenten, zu den Schrittmotoren etc; das ist Voraussetzung, damit alle UHV-Präparationen der Einkristalle durch Elektronenstoßheizung, Ionensputtern, thermisches und Elektronenstrahlverdampfen in den beiden Präparationskammern unabhängig und zeitlich genau steuerbar ablaufen können.

Eine eigene 5- Kanalzeitsteuerung für alle sich wiederholenden Präparationsschritte ist implementiert; das Programm kann aber auch von einem zweiten Programm (GG-Process-control.vi) selbst gesteuert werden (Abb. [4.4]). Befehlssätze sind dabei in einer einfachen Sprache leicht programmierbar. Dies ermöglicht es, recht komplexe experimentelle Arbeiten mit hoher Zuverlässigkeit auszuführen, typischerweise über Nacht. Ein drittes Programm (GG-Reader.vi) wird verwendet, um alle Analog-Signale der AD-Wandlerkarte, die Daten des Hameg- Digitalmultimeters, des Agilent-Frequenzzählers, des Impac-Pyrometers und des Fug-Mittelspannungsgerätes usw. mit einer 5 s-Auslesezeit zu erfassen. Diese Daten werden stündlich gespeichert, um 24

Uhr zu einem Datensatz zusammengefasst und dabei auch ausgewertet (z. B. werden die Probentemperatur, die Sputterströme, Drücke bei Gaseinlass usw. aus der großen Datenmenge herausgeschnitten, jeweils geplottet, zu einem HTML-Dokument verarbeitet und per E-mail an den Operator verschickt). Das ermöglicht eine exakte und vollständige Dokumentation aller experimentellen Arbeiten.

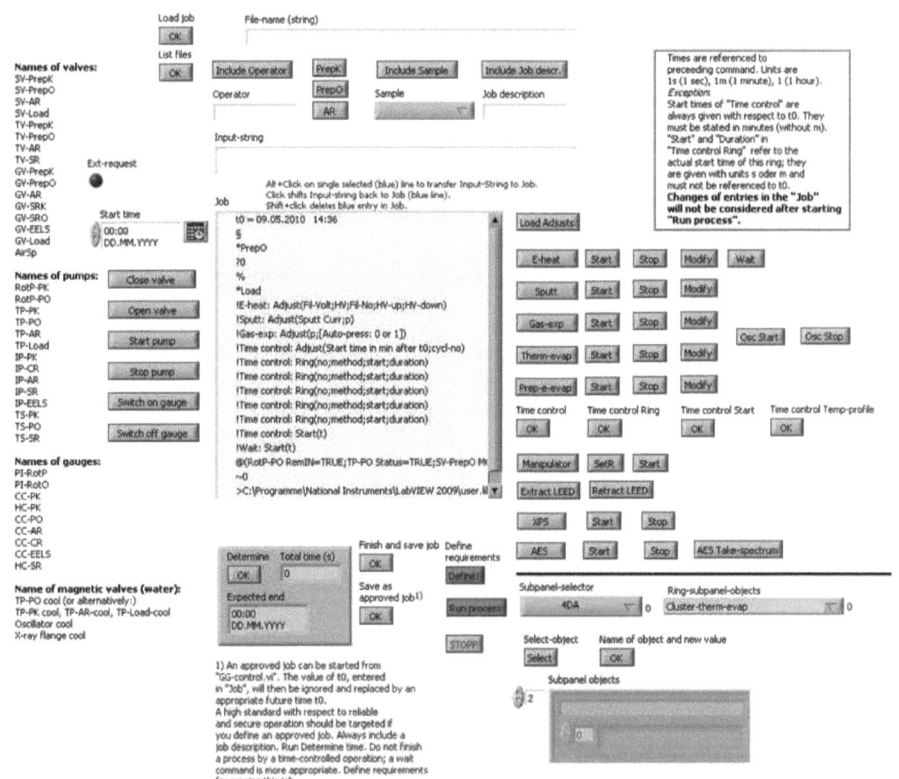

Abbildung 4.4: Frontpanel von GG-Process-control.vi mit Beispielen.

4.2 Pumpstand in Prag

Die Abbildung 4.5 zeigt die von der Arbeitsgruppe von Prof. Dr. Vladimir Matolin aufgebauten UHV-Apparatur in Prag (Institut für Oberflächenphysik, Karles Universität). Sie besteht im Wesentlichen aus einer Vorkammer, einer Präparationskammer und einer STM-Kammer. Die Vorkammer dient hauptsächlich als Schleuse und ermöglicht

Abbildung 4.5: Versuchsaufbau der benutzten UHV-Anlage im Prag.

somit das leichte und schnelle Einbringen von neuen Einkristallen und frisch geätzten Wolframspitzen in die Präparationskammer bzw. in die STM-Kammer ohne diese zu belüften. Die Präparationskammer verfügt über eine Ionenquelle (IQ 11/A, Specs), einen Massenspektrometer (Balzer) für Thermodesorptionsspektroskopie, einen mit Luft oder flüssigem Stickstoff kühlbaren Manipulator und einen Elektronenstoßverdampfer. Die Einkristalle werden über eine im Probenhalter integrierte resistive Heizung geheizt. Die Substrattempertur wird anhand eines Thermoelements (N-Typ), das direkt an der Probe befestigt ist, emittelt. Der Basisdruck in der Präparationskammer liegt bei $5 \cdot 10^{-10}$ mbar und wird durch eine Ionengetterpumpe (IPS 04, Delongs Instrument) aufrecht erhalten.

Die STM-Kammer enthält einen modifizierten Beetle-Typ STM-Kopf (LT-STM,VTS, Crea Tec), der in einen LN_2-Kryostat eingebaut ist. Über eine magnetische Halterung können bis zu fünf Tunnelspitzen in der Kammer gelagert werden und die Spitzen mit einen speziellen Manipulator im Vakuum ausgetauscht werden. Die STM-Kammer wird durch eine Ionengetterpumpe (Perkin Elmar) und eine Titansublimationspumpe (SPS 03T) gepumpt und der Basisdruck liegt bei $2 \cdot 10^{-10}$ mbar. Zur Druckmessung sind Kaltkathoden-Ionisations-Vakuummeter verfügbar.

4.3 Synchrotonstrahlungsquelle in Trieste

4.3.1 Das Synchrotron

Da elektrisch neutrale Teilchen sich nicht von elektrischen Feldern beeinflussen lassen, können nur geladene Teilchen beschleunigt werden. Geladene Teilchen emittieren elektromagnetische Wellen nur dann, wenn sie beschleunigt, gebremst oder ihre Flugrichtung geändert wird. Je schneller sich ein Teilchen bewegt, umso mehr wird die abgegebene Strahlung in der Flugrichtung fokussiert [?]. Synchrotronstrahlung entsteht bei sehr starker Beschleunigung elektrisch geladener Teilchen. In den Beschleunigungsvorrichtungen ist eine Reihe von Metallplatten angebracht, die abwechselnd positiv oder negativ geladen sind. Die Platte hinter dem Teilchen ist von gleicher Ladung wie das Teilchen, und die vor ihm ist entgegengesetzt geladen, so dass es immer nach vorn beschleunigt wird.

Der Teilchenbeschleuniger in Abbildung [4.6] besteht im Prinzip aus einer Teilchenquelle (Elektronen, Ionen ...), in der die zu beschleunigenden Teilchen erzeugt werden. Die erzeugten Teilchen werden in einem Linearbeschleuniger (Linac) vorbeschleunigt und dann über einen Injektionsmagnet in dem Ringbeschleuniger geleitet. In dem Ringbeschleuniger werden die Teilchen durch die Ablenkmagnete (Dipole) auf einer Kreisbahn gehalten und durch Fokussierungsmagnete (Quadrupole) fokussiert. Der so erzeugte Strahl wird dann über Monochromatoren, die den gewünschten Wellenlängenbereich auskoppeln, an Beam-lines zugeführt.

Das Synchrotron basiert darauf, die Hochfrequenz der Beschleunigungsspannung als auch das Magnetfeld zeitlich synchron so zu variieren, dass die Teilchen immer auf etwa dem gleichen Radius im Vakuum umlaufen.

Im Synchrotron werden Teilchen auf nahezu Lichtgeschwindigkeit beschleunigt. Auf diese Weise erhält man unter anderem eine hochintensive, polarisierte Strahlung. Die Teilchen werden auf Energien zwischen 0.75 GeV und 2.5 GeV beschleunigt. Es werden nur je nach Nutzung entweder 2 GeV oder 2.4 GeV verwendet. Man verwendet üblicherweise Elektronen oder Positronen, da der Energieaufwand zur Beschleunigung schwerer geladener Teilchen und die damit verbundenen Kosten zu hoch sind.

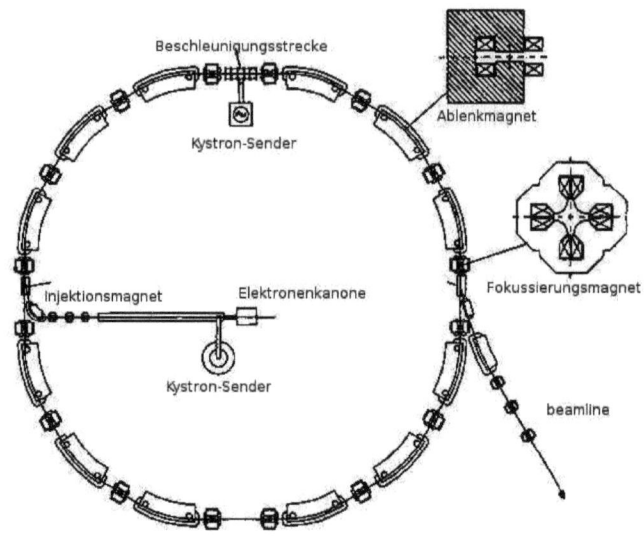

Abbildung 4.6: Prinzipieller Aufbau eines Synchrotrons [?].

4.3.2 Material Science Beamline 6.1 am Synchrotron in Trieste

Die Experimente mit resonanter Photoemission (RESPES) wurden an der Beamline 6.1 in Trieste durchgeführt. Abbildung [4.7] zeigt einen schematischen Aufbau dieser Beamline. Das erste optische Element ist der zylindrische Vorfokussierungsspiegel, der den divergenten Photonenstrahl vom Ablenkmagnet auf den Eingangspalt des Monochromators konzentriert, der aus einem festen sphärischen Spiegel und zwei rotierenden Planspiegel besteht. Es wird auch harte Röntgenstrahlung absorbiert. Die Auflösung der Photonenenergie wird durch die Änderung der Breite des Eingangs- und Ausgangs-Spalts eingestellt. der aus dem Austrittsspalt kommende Strahl wird erneut durch die Refokussierungsspiegel auf die Probe fokussiert [?].

Der Versuchsaufbau ist mit einem Elektronenenergie-Analysator (Specs Phoibos, 150 mm, mit 9 Kanälen), LEED, Sputterkanone, Mg/Al K$_\alpha$ Anode für die Offline-Arbeit,

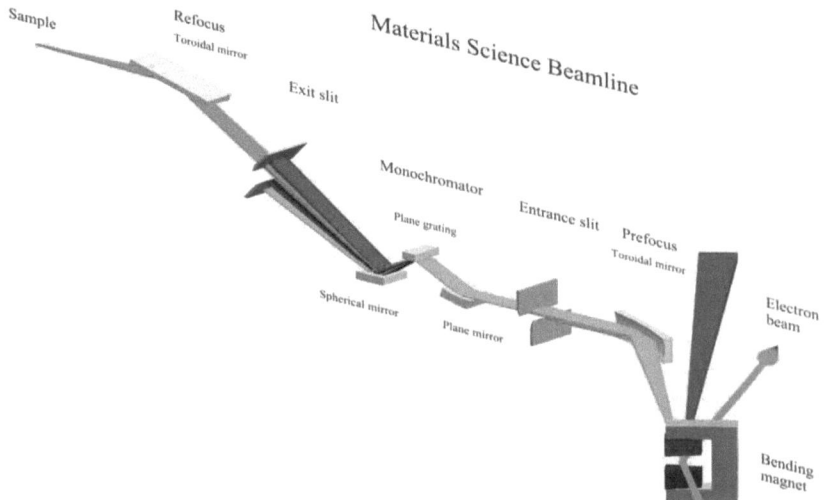

Abbildung 4.7: Schematische Darstellung des Photonenstrahlengangs der Beamline 6.1 [?].

Ventile für Gaseinlass, Massenspektrometer und einen Manipulator, welcher fünf Freiheitsgrade hat und mittels flüssigem Stickstoff auf ca. -120 °C K abgekühlt werden kann, ausgestattet. Verdampfer zur Abscheidung von Metallen sind ebenfalls vorhanden.

5 Ergebnisse und Diskussion

Ziel ist es, geordnete, komplett geschlossene und stöchiometrische CeO_2(111)-Schichten als Katalysatorträger herzustellen, um später die Wechselwirkung mit den Gold- bzw. Palladium-Nanoteilchen mit Ceroxid im Wasserstoff H_2 untersuchen zu können. Für diesen Zweck wurden unterschiedliche Wege für der Präparation bestritten.

5.1 Präparationsmethoden der Ceroxidschichten

1. **In Düsseldorf:** in der UHV-Anlage an der Universität Düsseldorf (IPkM) herrscht in der Präparationskammer ein Basisdruck von ca. $2 \cdot 10^{-10}$ mbar. Für die Herstellung von Ceroxidschichten wurde die Cu(111)-Oberfläche mittels Elektronenstoßheizung auf der gewünschten Temperatur für 15 Minuten geheizt. In den letzten 5 Minuten des Heizprozesses wurde der Cerverdampfer bei ca. 30 Watt eingeschaltet und stabilisiert. Danach wurde Sauerstoff bei $p_{o_2}= 5 \cdot 10^{-7}$ mbar eingelassen und ebenfalls stabilisiert. Im letzten Schritt wurde die Probe zur Evaporisationsposition gefahren. Nach dem Ablauf der Verdampfungszeit wurde der Verdampfer ausgeschaltet und die Probe für 10 Minuten im Sauerstoff weiter getempert, um eine vollständige Oxidation der Schichten zu gewährleisten. Die hergestellten Schichten wurden im Sauerstoff langsam abgekühlt, indem die Filament- und Beschleunigungsspannung schrittweise heruntergefahren wurden.
Die Verdampfrate wurde mittels Schwingquarz ermittelt und lag bei ca. 10 Monolagen pro Stunde. Es ist auch zu erwähnen, dass der Prozess mittels Labview-Programm [GG-Steuerung20.vi] automatisch gelaufen ist.

2. **In Prag und Trieste:** Die UHV-Aufbauten in Prag und Trieste sind fast ähnlich. In den Kammern, in denen Ceroxidschichten hergestellt worden sind, herrscht ein Basisdruck von ca. $5 \cdot 10^{-10}$ mbar. Vor dem Aufdampfen von Ceroxid wurde die Probe auf die Cu(111)-Oberfläche resistiv auf die gewünschte Temperatur hochgeheizt und gleichzeitig wurde der Aufdampfer zweimal je 5 Minuten ausgegast, stabilisiert und schließlich bei 13 Watt betrieben. Danach wurde Sauerstoff bei $p_{o_2}= 5 \cdot 10^{-7}$ mbar eingelassen. Nach dem Verdampfen wurde der Verdampfer ausgeschaltet und Probe für weitere 10 Minuten im Sauerstoff getempert. Abschließend wurden die Schichten im Sauerstoff langsam 1 °C pro Sekunde auf 100 °C gekühlt, um das Lagenwachstum zu erreichen. Die Verdampfrate lag bei ca. 8 Monolagen pro Stunde.

Da sich die beschriebenen Präparationsmethoden ähneln, lassen sich die gemessenen Spektren und STM-Bilder an den hergestellten Ceroxidschichten gut vergleichen.

5.2 Präparation der Cu(111)-Oberfläche

Für den Cu(111)-Einkristall (Durchmesser: 8 mm, Dicke: 2.5 mm) gibt der Hersteller (Mateck) eine maximale Abweichung $< 0.1°$ von der (111)-Oberfläche an. Der Cu(111)-Einkristall wurde in eine Molybdän Halterung eingeklemmt. Die Cu(111)-Oberflächen wurden durch Sputtern mit (Ar^+- Ionen) bei Raumtemperatur und 730 K (Sputterstrom ca. 2 μA) von oberflächlichen Verunreinigungen befreit und anschließend eine halbe Stunde geheizt, um durch Oberflächendiffusion Strukturdefekte auszuheilen und so die Ordnung der Oberfläche zu erhöhen. Die Temperatur wurde mit Hilfe eines Pyrometers (Impac IP 140) überwacht.

Die chemische Reinheit und die Ordnung der Oberflächen wurden durch AES und LEED überprüft. Ein AES-Spektrum der sauberen Cu(111)-Oberfläche ist in Abbildung [5.1] dargestellt. Die Cu_{MNN} Auger-Übergänge von Cu bei 60 eV und 105 eV

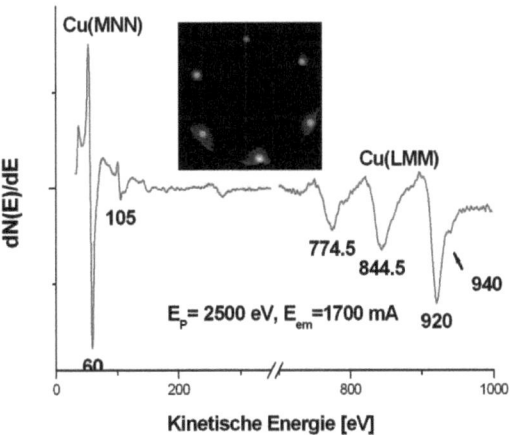

Abbildung 5.1: AES-Spektren einer Cu-Oberfläche von 30 bis 1000 eV nach mehreren Präparationszyklen und ihre (1×1)-LEED-Beugungsreflexe bei 62 eV.

sind eindeutig aufgelöst. Bei hohen Energien weist das AES-Spektrum von Cu (111) das Cu_{LMM} Multiplett im Energie-Intervall zwischen 731 und 940 eV auf. Ebenfalls zeigt sich bei 270,5 eV ein kleiner Peak, der sich zu Kohlenstoff C_{KLL} zuordnen lässt. Das Kohlenstoff-Signal resultiert durch den langen Betrieb der AES-Kanone.

Das in Abbildung [5.1] gezeigte LEED-Bild der Cu(111)-Oberfläche zeigt bei Raumtemperatur die hexagonal angeordneten, scharfen Beugungsreflexe der (1×1)-Struktur einer nichtrekonstruierten Cu(111)-Oberfläche. Diese Anordnung entspricht im reziproken Raum der hexagonalen Oberflächenstruktur von Cu(111). Die Energie der auf die Probe geschossenen Elektronen liegt hier bei 62 eV. Aufnahmen bei höheren Energien zeigen zusätzliche Substratreflexe, die den Reflexen höherer Ordnung des Einkristalls zugeordnet werden können. Zur weiteren Charakterisierung der verwendeten Oberflächen wurden auch mit Photoemission-Messungen (XPS und RESPES) an anderen Cu(111)-Einkristall in der Strahlungsquelle in Trieste vorgenommen.

Die in den Spektren sichtbaren Peaks rühren von Elektronen her, welche beim Trans-

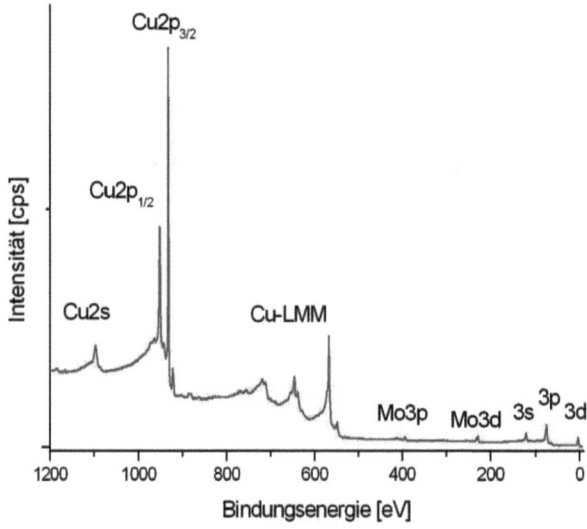

Abbildung 5.2: XPS-Übersichtsspektrum der sauberen Cu(111)-Oberfläche. Anregung mit Al K_α.

port an die Oberfläche keinen Energieverlust erlitten haben. Diejenigen Elektronen,

welche Energie verloren haben, bilden den Untergrund, und zwar bei höheren Bindungsenergien als die des Peaks der verlustfreien Elektronen. Die Bremsstrahlung der Röntgenquellen liefert ihren Anteil zum Untergrund.
Anhand des Übersichtsspektrums kann die Zusammensetzung der Probe näherungsweise bestimmt werden. Die Identifizierung, der im Spektrum enthaltenen Peaks erfolgt durch Referenzmessungen. In dem Übersichtsspektrum sind keine Verunreinigungen der Probenoberflächen mit Sauerstoff oder Kohlenstoff festzustellen. Die dominierenden Strukturen im XPS-Spektrum in Abbildung [5.2] können Photoelektronen- und Auger-Emissionslinien der Elemente Cu und Mo (Probenhalter) zugeordnet werden.
Um eine genauere Analyse vorzunehmen, wurden Detail-Spektren von Cu $2p_{3/2}$ (XPS) und Valenzband-Spektren Cu 3d (RESPES) bei normaler Emission (siehe Abbildung [5.3]) aufgenommen. Die Cu $2p_{3/2}$-Linie ist bei einer Bindungsenergie von $E_B = 932.7$

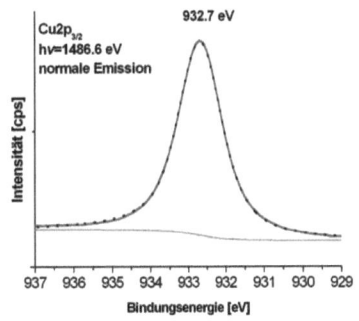
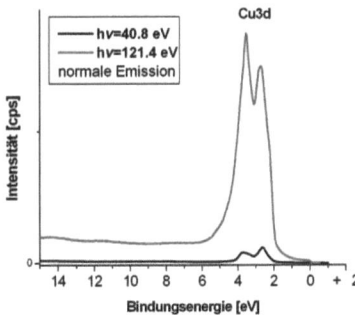

Abbildung 5.3: Cu $2p_{3/2}$-XP- (links) und RPES-Spektren (rechts) des sauberen Cu(111)- Kristalls.

eV lokalisiert. Sie zeigt keine zusätzliche Struktur oder Verbreiterung und lässt sich durch ein einfaches Voigt-Profil interpolieren. Der vollständig gefüllte 3d-Band bei 2-5 eV erstreckt sich von der Fermikante mit geringer Intensität hin zu höheren Bindungsenergien. Das erklärt die geringen Bindungsstärken zu Adsorbaten und die geringe Reaktivität von Kupfer.
Hier werden die aufgenommenen STM-Aufnahmen der Cu(111)-Oberfläche vorgestellt. Der Kristall wurde nach den vorher beschriebenen Verfahren präpariert und direkt danach in die STM-Kammer transferiert.
Abbildung [5.4] zeigt eine saubere Cu(111)-Oberfläche. Die Terrassen sind durch monoatomare Stufen mit eine Höhe von 2.08 Å getrennt. Die STM-Aufnahmen des so

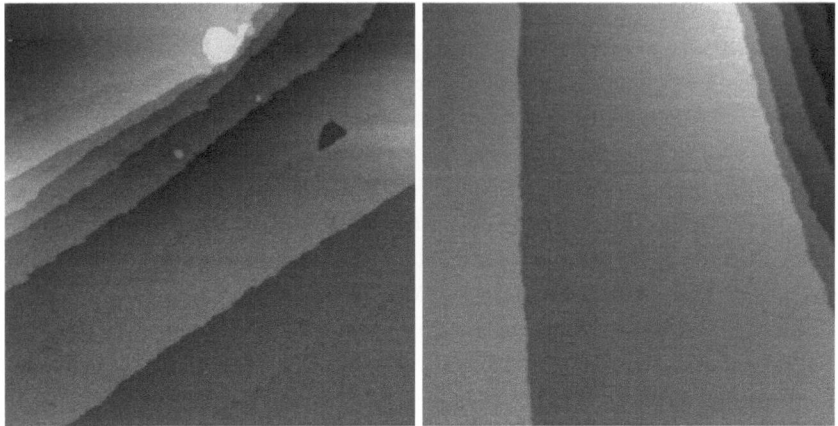

Abbildung 5.4: STM-Aufnahme einer präparierten Cu(111)-Oberfläche(400×400 nm^2, I_T =0,7 nA ,U_T =0,5 V) mit im Mittel einigen Å breiten Terrassen, getrennt durch einatomige Stufen.

präparierten Kupferkristalls zeigen eine saubere, atomar glatte Oberfläche. Die theoretische mittlere Terrassenbreite bei dem Cu(111)-Kristall mit der Orientierung 0,1° beträgt 120 nm; sie wird nur stellenweise erreicht. Es dominieren einzelne breitere Terrassen bis 70 nm und eine Serie von verkürzten Terrassen mit 10 nm bis 20 nm. Die Stufenkanten verlaufen näherungsweise parallel in Richtung dichtester Atomreihen.

5.3 Das Wachstum von CeO$_{2-x}$(111) dünner Schichten auf Cu(111)

Dieses Kapitel befasst sich mit der Herstellung geordneter ultradünner Ceroxidschichten auf der Cu(111)-Oberfläche und deren Wachstums-Mechanismus. Die Morphologie und die Reduzierbarkeit dünner aufgedampfter Ceroxidschichten wurden mittels Rastertunnelmikroskopie (STM), X-ray Photoelektronenspektroskopie (XPS), Auger-Elektonen-Spektroskopie (AES) und Beugung niederenergetischer Elektronen (LEED) untersucht. Die Herstellung der Ceroxidschichten haben am Institut für Experimentelle Physik der Universität Düsseldorf, am Institut für Oberflächenphysik in Prag und der Synchrotron Strahlquelle in Trieste stattgefunden. Die verwendeten UHV-Rezipienten (Basisdruck 2·10^{-10} mbar) sind mit verschiedenen Oberflächenuntersuchungsmethoden (STM [2], LEED [3], XPS[4] und AES [5]) ausgestattet.

Die Ceroxidschichten auf dem Cu(111)-Einkristall wurden durch das Aufdampfen von metallischem Cer in einer Sauerstoffatmosphäre bei 5·10^{-7} mbar und unterschiedlichen Substrattemperaturen hergestellt. Die in dieser Arbeit verwendete Depositionsrate lag bei einer Leistung des Verdampfers von 13 W bei 8 ML pro Stunde. Da die Aufdampfrate nicht immer stabil ist, wurde der Evaporator vor dem Aufdampfen auf die Probe zweimal je 5 Minuten ausgegast; gleichzeitig wurde die Probe auf die gewünschte Temperatur erwärmt. Danach wurde Sauerstoff bis zu einem Druck von 5·10^{-7} mbar eingelassen und stabilisiert. Um die partielle Reduktion von Ceroxidschichten zu vermeiden, wurden alle Hochtemperaturglühungen immer in Sauerstoff durchgeführt, welcher nach dem Abkühlen der Probe auf ca. 370 K wieder abgepumpt wurde.

Es wurden massenäquivalente Mengen von Ceroxid für Schichtdicken zwischen 1,5 ML und 8 ML auf die Substratoberfläche in einem Temperaturspektrum von 420 bis 920 K aufgebracht. Hier definieren wir 1 Monolage (ML) Ceroxid entsprechend der O-Ce-O Schichtfolge der CeO$_2$(111)-Fluorit-Kristallstruktur, die eine Dicke von 3,13 Å hat.

Für die Oxidation wurde Sauerstoff in die UHV-Kammer durch ein Leck-Ventil eingelassen. Nach dem Aufdampfprozess wurden die Proben für weitere 10 Minuten in der Sauerstoffatmosphäre belassen und weiter geheizt. Die so erzeugten dünnen Schichten wurden dann durch Rastertunnelmikroskopie auf ihre Oberflächenstruktur und Morphologie hin untersucht. Die STM-Bilder in der vorliegenden Arbeit wurden alle bei

---
[2]LT-STM der Firma VTS-CreaTec
[3]Micro- LEED (ErLeeD WA Technology)
[4]Specs
[5]OPC-105,Riber

Raumtemperatur mit einer selbst geätzten Wolframspitze aufgenommen. Es wurden nur positive Probenspannungen zwischen 2 und 4 V verwendet.

5.3.1 Bedeckungsgrad $\Theta = 1{,}5$ ML

Ziel war es hier, geordnete, komplett geschlossene und stöchiometrische $CeO_2(111)$-Schichten auf der Cu(111)-Oberflächen herzustellen. Abbildung [5.5] zeigt eine typische Topographie für die thermisch gewachsene 1.5 ML $CeO_2(111)$ Dünnschicht auf Cu(111) bei 450 °C und einem Sauerstoffpartialdruck von $5 \cdot 10^{-7}$ mbar. Bei 450 °C wächst Cer-

Abbildung 5.5: Die Morphologie einer 1,5 ML-Ceroxiddünnschicht bei 450 °C; STM-Bild 210×210 nm^2 ,U_T=3 V,I_T=0,5 nA.

oxid bei kleinerer Bedeckung als kompakte dreieckförmige Inseln Lage für Lage. Einige kleinere Inseln gehören bereits der zweiten Lage an. Bei diesem Bedeckungsgrad und

dieser Temperatur sieht man, dass die Form der zweiten Lage sich nicht von der Form der ersten Schicht unterscheidet. Es wurde beobachtet, dass die Ceroxidschichten unter diesen Wachstumsbedingungen nicht geschlossen wachsen.
Kupferoxid bildet sich ebenfalls bei diesem Präparationsverfahren auf dem Cu(111). Man kann aber zwischen dem Cer- bzw. Kupferoxid unterscheiden, indem man die Stufenhöhen, relative Positionen und Rauhigkeiten charakterisiert, da das Oxid als Cu_2O vorliegt. Dies folgt aus den Arbeiten von Matsumoto et al. [?] und Wiame et al. [?]. Sie haben die Oxidation von Cu(111) anhand der Rastertunnelmikroskopie erforscht und festgestellt, dass sich bei der Oxidation von Cu(111)-Oberfläche im Sauerstoff bei höherer Temperatur wohlgeordnete Cu_2O-Schichten bilden. Auch Jaegeun et al.[?] haben die O_2-Adsorption auf Cu(111) bei 573 K untersucht und sind mittels STM zu dem Schluss gekommen, dass Glühen von Cu(111) bei 573 K in O_2-Atmosphäre wohlgeordnete Cu_2O Schichten erzeugt. Aus den gemessenen Stufenhöhen in den gezeigten

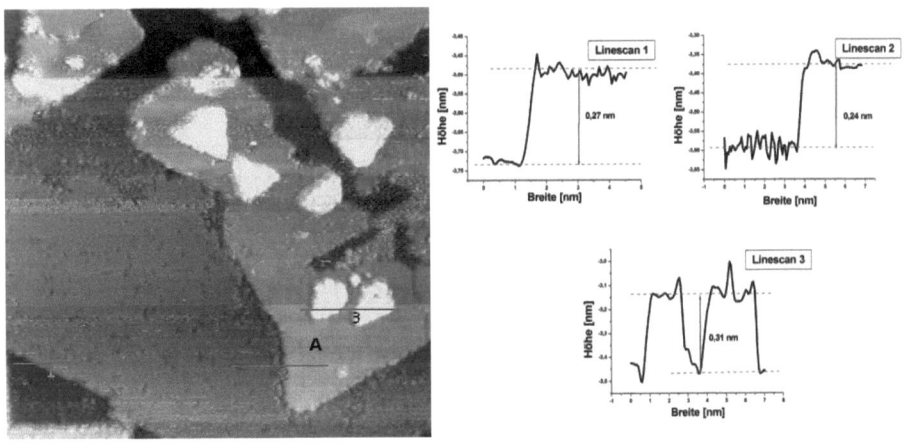

Abbildung 5.6: STM-Aufnahme 33×31 nm^2 ,U_T=2,5 V,I_T=0,9 nA.

Höhenprofilen in Abbildung [5.6] (rechts) kann man feststellen, dass es sich in Linescan 1 mit einer Höhe von ca. 2,7 Å um eine CuO_2/Cu-Stufenhöhe handelt, die mit dem theoretischen Wert von 2,8 Å übereinstimmt. Wenn man die Höhe der Stufenkante von Kupfer abzieht, erhält man die Dicke der Kupferoxidschicht von 0,7 Å. Die Schicht A zeigt eine glatte CeO_2-Insel auf dem Kupfer, mit einer Höhe von ca. 2,4 Å. Diese Höhe entspricht einer CeO_2-Schicht, die direkt auf dem Cu(111) gewachsen ist. Der Linescan 3 zeigt eine homoepitaktische Ceroxidchicht, die eine Höhe von 3.1 Å hat. Aus der Höhe der Schicht kann man entnehmen, dass die Grenzschicht zwischen Ceroxid und Kupfer der thermodynamischen stabilen und elektrostatisch neutralen Schichtfolgen des Cerdioxides Cu−O−Ce−O entspricht. Hier findet man auch eine hexagonale Moirè-Struktur.

T. Staudt et al. [?] untersuchten 1.5 ML Ceroxid dünne Schicht auf Cu(111) bei 250 °C und fanden, dass die Ceroxidschichten inhomogen auf Cu(111) und nicht in Form von flachen Inseln aufwachsen und ein vernachlässigbarer Anteil des Substrats nicht bedeckt wird. Das Tempern der so hergestellten Schicht in Sauerstoffatmosphäre $p_{O_2}=5 \cdot 10^{-7}$ mbar führt zur Bildung von flachen Inseln, die mit zweidimensionalen und dreidimensionalen Ceroxid-Nanoteichen bedeckt sind. Der Anteil des nicht bedeckten Substrats wurde deutlich erhöht.

In atomar aufgelösten STM-Bildern (siehe Abb. [5.7]) kann man zwischen der ersten und zweiten Lage gut unterscheiden. Die erste Lage in Abbildung [5.8] (links) zeigt

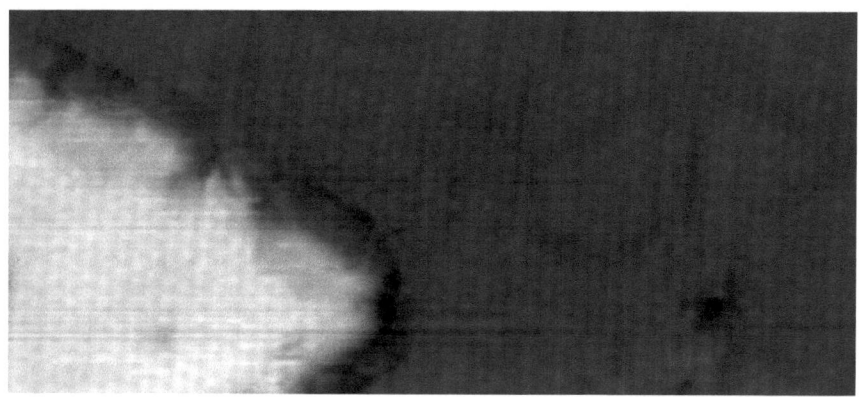

Abbildung 5.7: STM-Aufnahme 16×7 nm² U_T=3 V, I_T=0,5 nA.

eine (1,5×1,5)CeO$_2$(111)/Cu(111)-Überstruktur und fehlende Atomreihen in niedrigindizierten Oberflächenrichtungen; daraus ergeben sich dreieckige Strukturen. Rechts in Abbildung [5.8] wird die zweite Lage gezeigt. Sie zeigt eine homoepitaktisches Wachstum mit der hexagonalen Struktur des CeO$_2$(111); die Atome haben hier die gleiche Höhe. Es ist eine regelmäßige hexagonale Punktanordnung zu sehen, welche einen Punktabstand von ca. 4 Å aufweist, was dem Wert des interatomaren Abstands der Ce-Atome in der CeO$_2$(111)-Verbindung entspricht. Die Grenzschicht zeigt in manchen Stellen deutlich eine 2×2 Überstruktur. Die 2×2-Überstruktur auf den dreiecki-

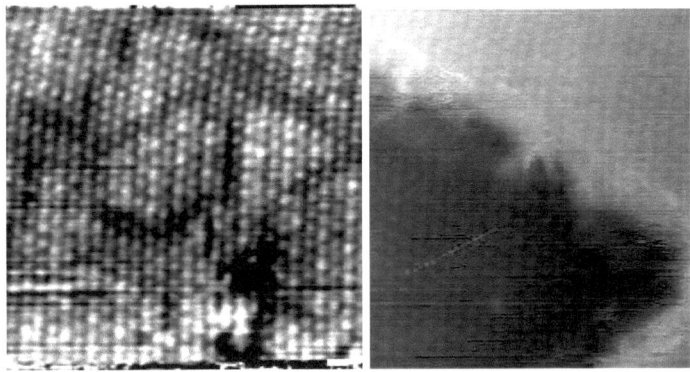

Abbildung 5.8: STM-Aufnahmen; links: 8×8 nm², rechts: 8×7 nm², U_T=3 V, I_T=0,5 nA.

gen Strukturen sind zu der angrenzenden Grenzschicht 1×1 verschoben. Die Oberfläche

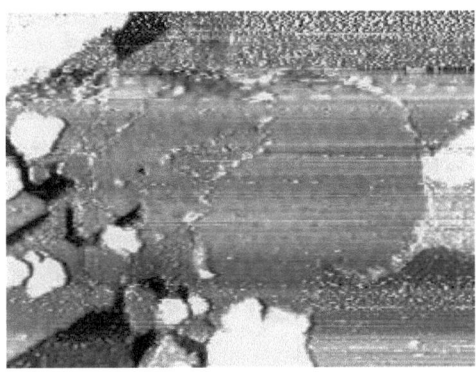

Abbildung 5.9: 1,5 ML Bedeckung CeO_2 auf Cu(111).

der Grenzschicht von CeO_{2-x}/Cu(111) erhält nach der Präparation bei einer Substrattemperatur von 450 °C eine wabenartige Struktur mit einer Periodizität von ca. 60 Å (siehe Abb. [5.9]), was für Metall-Metalloxid-Systeme mit einem Gitter-missmatch charakteristisch ist. Beobachtet wurde in Abbildung [5.10] eine linear geordnete Struktur in Form von Dreiecken; sie ist durch fehlende Reihen getrennt, die entstanden sind, um die laterale Ausdehnung der Schichten nicht zu verhindern. Die wachsenden Schichten mit der Schichtdicke von ca. 3.1 Å können als polare Schichten aus

Abbildung 5.10: 1,5 ML Bedeckung CeO$_2$ auf Cu(111).

O^{2-}-Ce^{4+}-O^{2-} angesehen werden; sie haben somit die Tendenz lateral zu wachsen, um ihre Energie und die resultierende mechanische Spannung zu minimieren. Ranke et al.[?] beobachteten dies bei FeO(111)/Pt(111). Zusätzlich zu der bereits beschriebenen Überstruktur fällt eine hexagonale Überstruktur mit einer Periodizität von ca. 6 nm auf. Diese Beobachtungen bestätigen, dass Ceroxid gespannt auf der Cu(111)-Fläche gewachsen ist. Dies scheint eine Eigenschaft des Ceroxids zu sein. Die in der Abbildung [5.11] gezeigte STM-Aufnahme wurde in der UHV-Anlage an der Heinrich Heine Universität Düsseldorf hergestellt. Die Präparationsmethode unterscheidet sich leicht von der angewendeten Präparationsmethode an dem Prager Aufbau. Die Probe wurde durch Elektronenstoß geheizt. Die Verdampfrate wurde hier ebenfalls mit Hilfe eines Schwingquarzes ermittelt und lag bei 1 ML/6 min. Die Schichten wurden unmittelbar nach der Herstellung für 10 Minuten in Sauerstoff getempert, um Lagenwachstum und die vollständige Oxidation der Schichten zu gewährleisten. Die Präparation von 1,5 ML Ceroxid auf Cu(111) zeigt, dass die Inseln der zweiten Lage flacher werden und zu einer gut ausgedehnten Schicht zusammenwachsen. An manchen Stellen sind auch die Ceroxid-Adlagen zusammengeschlossen. Man erkennt zwei durch monoatomare Stufen getrennte Lagen. Die Struktur der ersten Lage ist bei dieser Bedeckung unter diesen Bedingungen nahezu geschlossen. Es sind noch kleine unbedeckte Bereiche der Kup-

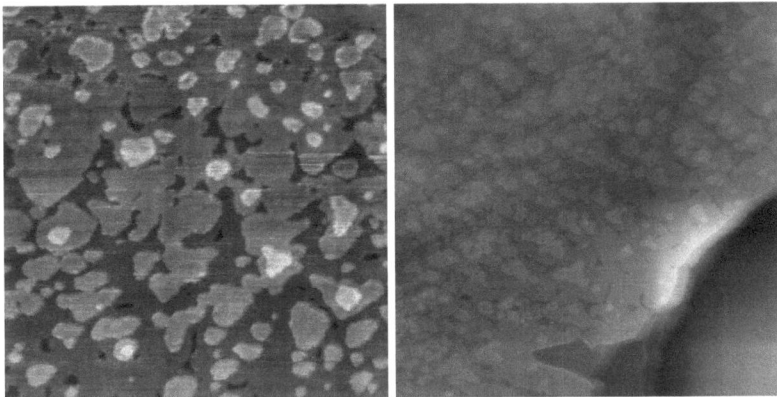

Abbildung 5.11: Die Morphologie einer 1,5 ML-Ceroxiddünnschicht bei 350 °C und anschließendem Glühen in Sauerstoff P_{O_2}=5.10^{-7} mbar für 30 min. Links: 200×200 nm^2 ,U_T=2,5 V, I_T=0,34 nA, Rechts: 400×400 nm^2 ,U_T=2,5 V, I_T=0,6 nA.

feroberfäche zu erkennen. Das Tempern der präparierten Schichten direkt nach der Herstellung ermöglicht es lokal, dass die Probe fast vollständig bedeckt werden kann. Die Inseln koaleszieren miteinander, auf einigen Inseln wird Inselwachstum in zweiter und dritter Lage beobachtet. Das generelle Wachstum des Films ist dreidimensional und entspricht dem Vollmer-Weber-Modell.

Generell erfährt die Cu(111)-Oberfläche keine vollständige Bedeckung bei einem Ceroxidangebot von 1,5 ML und die Inseln der zweiten Schicht bevorzugen die Nukleation auf die Inseln der ersten Monolage.

Wenn man die beiden 1,5 ML-Dünnschichten vergleicht, lässt sich entnehmen, dass die Form und die Dichte der Grenzschichtinseln temperaturabhängig sind. Dies deutet darauf hin, dass die beiden Eigenschaften von der Diffusionsgeschwindigkeit der Cerbzw. Sauerstoff-Atome auf der Cu(111)-Oberfläche beeinflusst werden.

Zur Charakterisierung der Ceroxidschichten auf der Cu(111)-Oberfläche auf deren Reinheit wurden die AES-Daten verwendet. Abbildung [5.12] zeigt ein AES-Spektrum von Cu(111) nach der Deposition 1,5 ML von Ceroxid bei 350 °C. Im AES-Spektrum sind neben den Signalen der Cu-Unterlage, die für das Cer und Sauerstoff charakteristischen Signalen bei 83,5 eV, 663,5 eV, 565,5 eV und 512,5 eV und auch schwache Kohlenstoff- und Molybdänsignale zu beobachten, welche aus der Kanone und dem Probenhalter stammen. Im Vergleich zum AES-Spektrum des reinen Kupfers in Abbildung [5.1] hat

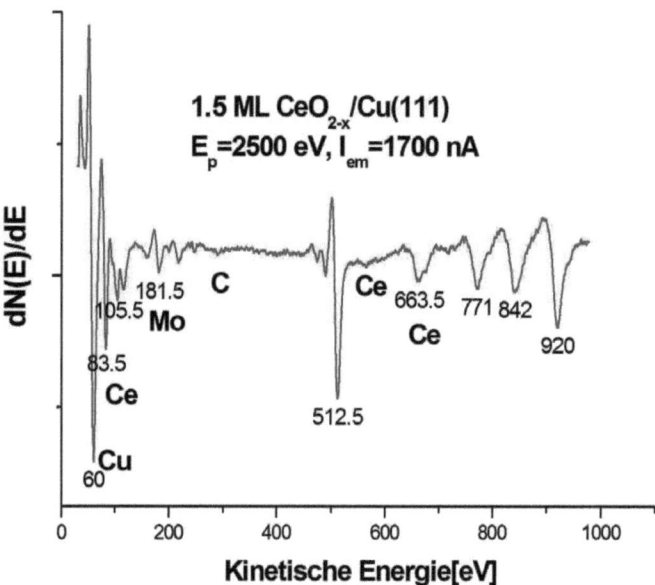

Abbildung 5.12: Charakteristisches AES-Spektrum des Ceroxid-Films (1.5 ML) auf der Cu(111)-Oberfläche.

die Intensität des Cu (920 eV)-Übergangs abgenommen.
Da die für Cer und Kupfer dominierenden Signale bei 83 eV bzw. 60 eV im ähnlichen Energiebereich liegen, lässt sich das Verhältnis der AES-Signale gut vergleichen.
Bei einer Bedeckung von 1.5 Monolagen beträgt das Verhältnis $I_{Ce(83eV)}/I_{Cu(60eV)}=0.46$.

5.3.2 Bedeckungsgrad $\Theta = 3$ ML

Die Ceroxidschichten wurden in einer Sauerstoffatmosphäre von $5 \cdot 10^{-7}$ mbar bei einer konstanten Substrattemperatur von ca. 450 °C hergestellt. Die Evaporationszeit beträgt hier ca. 24 min bei einer Leistung von 13 W, was einer Aufdampfmenge von ca. 3 ML CeO_{2-x} auf der Cu(111)-Oberfläche entspricht. Um das Lagenwachstum zu gewährleisten, wurde die Probentemperatur nach dem Aufdampfprozess für weitere 10

Minuten konstant gehalten; danach wurde sie schrittweise (1 K/s) auf 100 °C reduziert und die Sauerstoffzufuhr gestoppt.

Die Ceroxidschicht in Abbildung [5.13] zeigt eine große, ausgedehnte Insel, die dreidi-

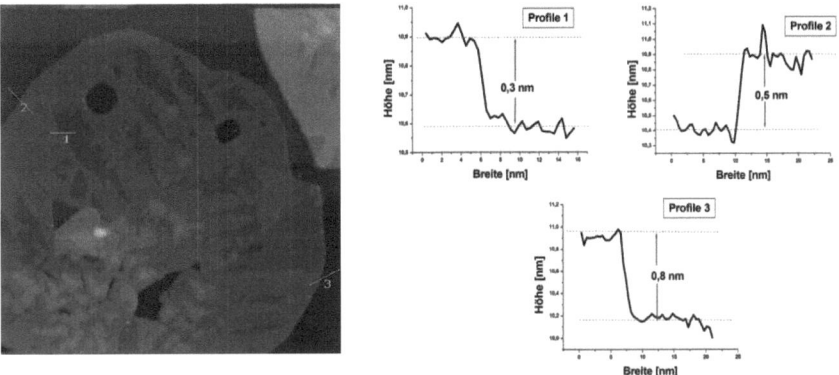

Abbildung 5.13: Morphologie eine 3 ML Ceroxiddünnschicht bei 450 °C, 210×210 nm^2, U_T=2 V, I_T=0,6 nA.

mensional wächst. Die Stufenhöhe zwischen dem Substrat und der darauf wachsenden Schicht zeigt häufig Mehrfachstufen mit einer Höhe von 5 Å (Profil 2) und 8 Å (Profil 3), was als Kombination zwischen einer Stufenhöhe der Cu(111)-Oberfläche und ein oder zwei Stufenhöhen der CeO_{2-x}(111)-Oberfläche angesehen werden kann. Das Ce-Angebot von 3 ML zeigt, dass sich das Wachstum in der zweiten Lage fortsetzt und sich ein geringer Anteil von Adatom-Inseln in der dritten Lage bildet. Auf einigen Inseln wird bereits die vierte Lage gefunden. Die Inseln haben die Tendenz dreidimensional zu wachsen und somit bleibt das Substrat unvollständig bedeckt.

In Abbildung [5.14] ist eine alternative Wachstumsart der 3 monolagigen Ceroxidschicht auf der Cu(111)-Oberfläche zu sehen. Die Inseln der Grenzschicht haben eine rechteckige Form. Alle Adinseln sind auf der Grenzschicht zu sehen. Die Stufenkanten sind rechtwinklig zueinander und die Inseln zeigen eine hohe Konzentration der Nukleationen in den höheren Lagen. Es scheint, dass die Diffusionslänge auf dieser Schicht zu gering ist, da fein verästelte Strukturen entstehen. Die zweite Monolage weist ein labyrinthartiges Wachstum auf. Anschließende RHEED- und XPS-Untersuchungen der Forschungsgruppe von Prof. Matolin lässt diese Schichten als CeO_{2-x}(100)-Ebenen mit einer Schichtdicke von ca. 5.27 Å identifizieren [Dies beruht auf einer direkten Informationen der Matolinsarbeitsgruppe]. Diese Schicht hat die Morphologie eines stöchio-

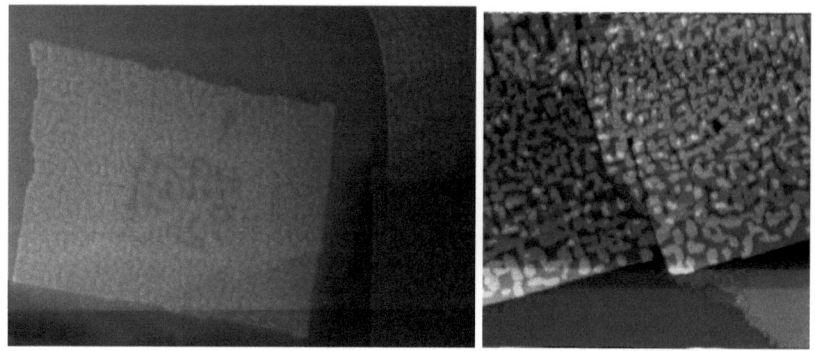

Abbildung 5.14: Morphologie eine 3 ML Ceroxiddünnschicht bei 450 °C; rechts: 300×420 nm^2, U_T=3 V, I_T=0,4 nA, links: 84×84 nm^2, U_T=2 V, I_T=0,6 nA.

metrischen CeO$_2$(100).

Abbildung [5.15] zeigt ein AES-Spektrum der CeO$_{2-x}$(111)/Cu(111) nach der Deposition von 3 ML Ceroxid bei 450 °C. Ein Vergleich zum AES-Spektrum der gereinigten

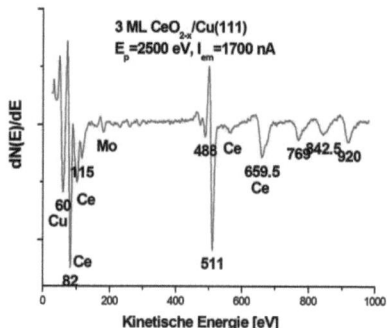

Abbildung 5.15: Charakteristisches AES-Spektrum der Cer-Filme (3 ML) auf der Cu(111)-Oberfläche.

Cu(111)-Probe und zu den Spektren der 1,5 Monolagen CeO$_{2-x}$ bedeckten Probe lässt sich eine Abschwächung der LMM-Linien des Cu-Peaks und eine Verschiebung des Sauerstoffspeaks beobachten, was sich durch eine Niveauverschiebung durch chemische Bindung erklären lässt. Es reagieren die Cu-Atome mit dem angebotenen Sauerstoff während des Verdampfens zu Kupferoxid, wodurch die energetische Lage der Orbitale am Sauerstoff verschoben wird. Es ist deutlich zu sehen, dass die Intensität des auf das Cu zurückzuführende AES-Signal bei 60 eV stark gefallen ist und das Ce(82 eV)-Signal das Spektrum dominiert. Da Cer immer mit konstanter Verdampfrate deponiert wurde, wird bei 3 Monolagen erwartet, dass sich das Verhältnis $I_{Ce(83eV)}/I_{Cu(60eV)}$ verdoppelt. Das tatsächlich gemessene Verhältnis beträgt 1,7. Dies deutet darauf hin, dass das Ceroxid nicht homogen auf Cu(111)-Oberflächen aufwächst. Es lässt sich auch vermuten, dass Ceroxid im Vollmer-Weber-Modus wächst.

5.3.3 Bedeckungsgrad Θ= 5 ML

Da dünne und kontinuierliche Oxidschichten auf Metallen von besonderem Wert in der heterogenen Katalyse sind, wird in diesem Experiment beschrieben, wie sich dünne, kontinuierliche Ceroxidschichtene auf Cu(111) herstellen lassen. Es ist wichtig, eine bekannte und wohlgeordnete Oberflächengeometrie der Ceroxidschichten herzustellen, um die Reaktivität organischer Moleküle wie Methanol und Wasserstoff bei Adsorptionsexperimenten untersuchen zu können. Ceroxidschichten wurden auf Pt(111)[?], Rh(111)[?, ?], Au(111)[?] sowie auf Ru(0001)[?]-Oberflächen hergestellt. Es werden bei der Herstellung unterschiedliche Wege gewählt, wobei es nicht immer gelungen ist, komplett geschlossene, gut geordnete und stöchiometrisch oxidierte CeO_2-Schichten zu erhalten. Berner et al.[?] nutzte die Oxidation der Metalllegierung Pt_5Ce bei 1000 K und einem hohen Sauerstoffpartialdruck von $1 \cdot 10^{-5}$ mbar, um gut geordnetes CeO_2 herzustellen. Allerdings ist diese Methode langsam und die Ceroxidschichten benetzen nicht das ganze Substrat, da die Legierungen thermodynamisch sehr stabil sind. Eck et al.[?] haben verdampftes Cer-Metall in Sauerstoff $p_{O_2}=2 \cdot 10^{-7}$ mbar bei 250 °C auf einen voroxidierten Rh(111)-Einkristall hergestellt. Sie stellten fest, dass Ceroxid in Form gut geordneter CeO_2-Inseln mit einem signifikanten Anteil des Ce^{3+} wächst.

Als erster Versuch wurden 5 Monolagen Ceroxid bei unterschiedlichen Temperaturen hergestellt. Hier werden die STM-Bilder vorgestellt und diskutiert. Für eine signifikante Untersuchung des Wachstums des Ceroxids auf Cu(111) haben wir 5 ML Ceroxidschichten bei höherer Substrattemperatur von 650 °C hergestellt und mittels STM untersucht. Das Ergebnis der hohen Temperaturabscheidung ist in Abbildung [5.16] dargestellt. Wir haben beobachtet, dass die Erhöhung der Aufdampfmenge zu einer besseren Ausrichtung der CeO_2-Stufenkanten führt und dass das Substrat immer unvollständig bedeckt ist. Die Morphologie der Ceroxidschichten entspricht der Morphologie der CeO_2(111) und die Stufenkanten der zweiten und der dritten Monolage richten sich nach den Stufenkanten der Grenzschicht, die parallel zu den Stufenkanten des Cu(111)-Einkristalls aufwächst. Bei der Abscheidung des Ceroxides auf Cu(111) scheint es, dass die Grenzschicht immer in Form von Inseln wächst, die das Substrat nur unvollständig bedecken. Trotz der unterschiedlichen Nukleation der Grenzschicht bei unterschiedlichen Temperaturen kann man sie nicht als Benetzungsschicht (Wetting layer) identifizieren und das verhindert, dass Ceroxid in Form von ganz flach ausgedehnten Schichten auf der Cu(111)-Oberfläche wächst. Ceroxid bevorzugt die Nukleation auf der Grenzschicht anstatt auf dem Cu-Substrat. Das Wachstum von Ceroxid auf Cu(111) unterscheidet sich

Abbildung 5.16: Bedeckungsgrad von 5 ML bei 650 °C, STM-Aufnahme 420×180 nm^2, U_T=4 V, I_T=0,4 nA.

von dem Wachstum von FeO(111)/Pt(111) [?][?], NiO/Pd(100) [?] und SnO$_2$/Pt(111) [?] auf Übergangsmetallen. Sie wachsen im Stranski-Krastanov-Wachstum-Modus. Im Allgemeinen kann das Wachstum des Ceroxids auf Cu(111)-Oberflächen als Vollmer-Weber-Wachstumsmodus angesehen werden. Matolin et al. [?][?] waren die ersten, die eine gut geordnete und kontinuierliche 5 Monolagen-Ceroxiddünnschicht bei 250 °C herstellten und diese war seitdem Modell für weitere Studien. Bei 450 °C bedeckt Ceroxid nicht das gesamte Substrat. Es wurde beobachtet, dass Ceroxid eine ausgeprägte Morphologie hat und in Form von Pyramiden lateral limitiert wächst [?]. Bei konstanter Substrattemperatur über 250 °C, neigen Ceroxid-Schichten auf Cu(111) zu diskontinuierlichem Wachstum und maximieren die Anzahl der offenen Ceroxid Monoschichten. Mit abnehmender Substrattemperatur tendiert Ceroxid dazu, in Form eines kontinuierlichen Films zu wachsen und die Zahl der offenen Ceroxidmonolagen wird reduziert. Nun soll angestrebt werden, eine kontinuierliche Ceroxidschicht auf Cu(111) herzustellen. Wir werden im Folgenden sehen, dass es möglich ist, kontinuierliche Ceroxidschichten auf Cu(111)-Oberfläche herzustellen.

Wir haben 5 ML Ceroxid bei 150 °C und einem Gradienten der Temperatur von RT bis 450 °C und anschließendem Tempern in Sauerstoffatmosphäre hergestellt. Der Film

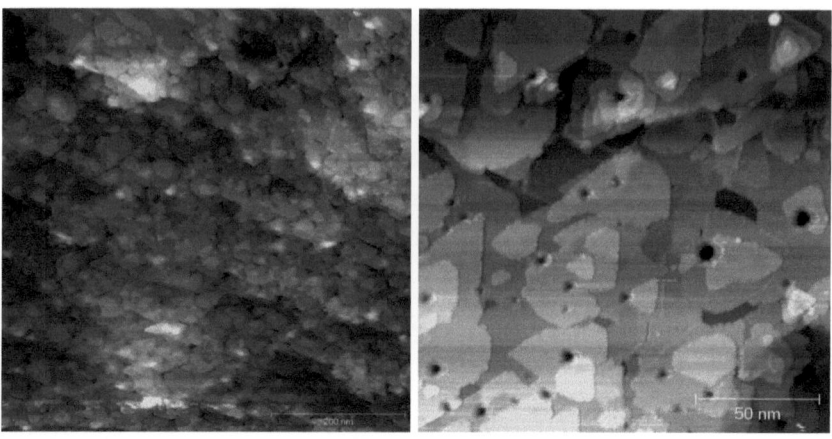

Abbildung 5.17: Bedeckungsgrad von 5 ML bei ansteigender Temperatur von RT bis 450 °C, Rechts: STM-Aufnahme 575×575 nm², U_T=4 V,I_T=0,4 nA, Links: STM-Aufnahme 200×170 nm², U_T=3 V,I_T=0,6 nA.

wurde bei Sauerstoffpartialdruck von $5 \cdot 10^{-7}$ mbar mit ansteigender Substrattemperatur erzeugt. Die erste Lage ist bei Raumtemperatur gewachsen. Während des Wachstums des Films wurde die Temperatur des Substrats im Sauerstoff schrittweise mit 1 K/s bis zu einer Temperatur von 450 °C erhöht, um das Lagenwachstum sicherzustellen. Das Substrat in Abbildung [5.17] ist fast komplett mit CeO_2 bedeckt; nur an manchen Stellen ist das Substrat sichtbar. Mittels STM-Messungen wurden gute geordnete Schichten mit einem $CeO_2(111)/Cu(111)$ beobachtet. Die niedrige Temperatur zu Beginn des Wachstums gewährleistet eine hohe Keimbildungsdichte der Grenzschicht und Vervollständigung der Substratbedeckung mit 1 bis 2 ML. Die anschließende Erhöhung der Temperatur sorgt für die Ordnung der Schichten.

Die Morphologie der so präparierten Schicht entspricht gut geordneten Ceroxidschichten und verfügt über 2 bis 3 offene Lagen, was einem idealen Schicht für Schicht-Wachstum ähnelt. An einigen Stellen bilden sich auch Mehrfachstufen des $CeO_2(111)$. Die vielen runden Defekte entstehen durch mechanische Berührungen der Spitze mit der Probe.

Die niedrige Temperatur beim Verdampfen ist ein entscheidender Faktor für die höhere Nukleation der ersten Monolage durch die Reduzierung der Diffusionslänge. Auch bei dieser Temperatur ist das Substrat komplett bedeckt. Die Morphologie dieser Schicht

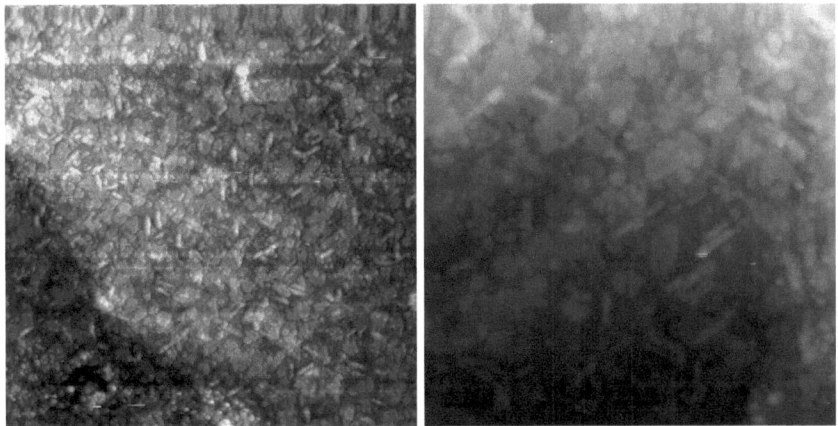

Abbildung 5.18: Bedeckungsgrad von 5 ML bei Temperatur 150 °C, Rechts: STM-Aufnahme 210×210 nm^2, U_T=2.5 V, I_T=0,4 nA, Links: STM-Aufnahme 84×84 nm^2, U_T=2.5 V, I_T=0,4 nA.

in Abbildung [5.18] ist anders als die von bei hohen Temperaturen hergestellten Schichten. Nur die ersten Schichten wachsen flach. Die Inseln der oberen Lage sind kompakt, atomar flach und zeigen nanodrahtartige und dendritische Wachstumsformen. Das bedeutet, dass das Wachstum deutlich von den Anfangsdepositionsbedingungen abhängig ist. Da die Temperatur über den gesamten Depositionsvorgang konstant gehalten wird, wachsen die Schichten dreidimensional aufgrund der geringeren Diffusionslänge. Die so präparierten Schichten sind weniger geordnet, jedoch zeigen die Stufenkanten eine unregelmäßige Form, was auf eine begrenzte Oberflächendiffusion bei diesen Temperaturen hinweist.

Mit einem kinetisch begrenzten Wachstumsprozess durch reaktive Abscheidung bei niedrigen Temperaturen der Probe von 150 °C und nachfolgendem Tempern wurde beobachtet, dass geschlossene Ceroxidschichten mit atomar flachen Terrassen hergestellt wurden. Wir beobachten, dass bereits bei niedrigen Temperaturen Ceroxid als Stapel von Inseln wächst, deren Höhe einer Cerdioxid Monolage entspricht. Die Schichten, die unter unterschiedlichen Substrat-Temperaturen hergestellt worden sind, unterscheiden sich in der lateralen Größe. Das Wachstum entspricht aufgrund der komplett vollständigen Unterlage und dem dreidimensionalen Wachstum von Admonolagen dem Stranski-Krastanov-Wachstumsmodus.

Eine Untersuchung auf Verunreinigungen innerhalb des oberflächennahen Bereiches wurde mit XPS und AES durchgeführt. Die Anregung des Auger-Prozesses erfolgte mit einer Energie von 2,5 keV. In Abbildung [5.19] ist ein Spektrum einer mit 5 Monolagen Ceroxid bedeckten Cu(111)-Oberfläche aufgeführt. Es zeigt neben den charakteristischen Linien der Cu-LMM-Übergänge bei 61 eV, 115 eV, 771,9 eV, 846,5 eV und 920 eV ebenfalls die Ce-MNN-Übergänge bei 82 eV und 664,5 eV als auch O-KLL bei 513 eV.

Das Verhältnis der AES-Signale beträgt in diesen Fall ca. 2,45, was einer Bedeckung von ca. 6 ML entspricht.

Abbildung [5.20] zeigt ein typisches XPS-Spektrum eines CeO$_{2-x}$/Cu(111)-Schicht-

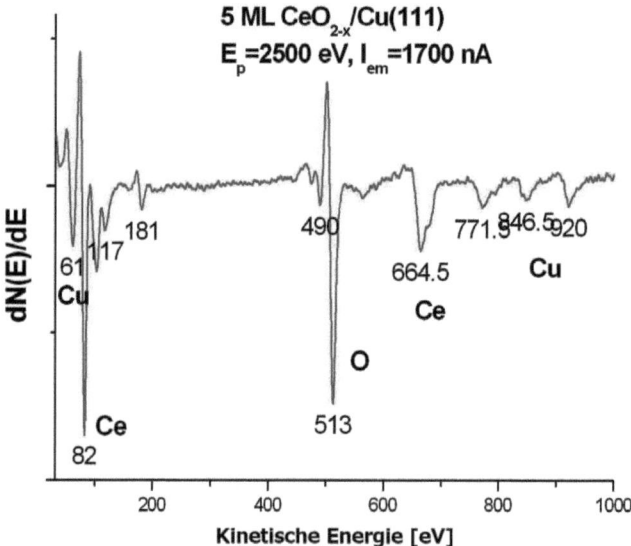

Abbildung 5.19: Charakteristisches AES-Spektrum der Cer-Filme (5 ML) auf der Cu(111)-Oberfläche.

Systems, das im Rahmen dieser Arbeit gemessen wurde. Die einzelnen Linien im Spektrum sind den Elementen Cer, Kupfer und Sauerstoff zuzuordnen.

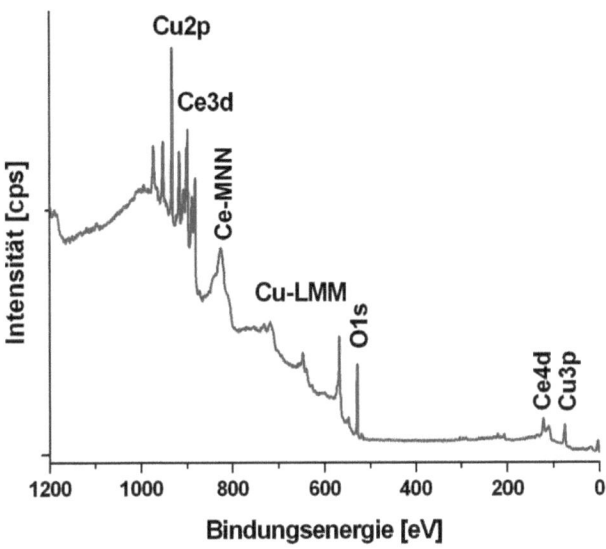

Abbildung 5.20: Charakteristisches XPS-Spektrum der Cer-Filme (5 ML) auf der Cu(111)-Oberfläche.

5.3.4 Bedeckungsgrad $\Theta = 8$ ML

Die Schichten wurden bei einem Sauerstoffpartialdruck von $5 \cdot 10^{-7}$ mbar und 650 °C Substratstemperatur präpariert. Zu Beginn des Verdampfungsprozesses wurde der Verdampfer entgast. Insgesamt wurde für eine Stunde bei 13 Watt auf die Probe aufgedampft. Eine erhöhte Substrattemperatur beim Aufdampfen verändert das Wachstum der Schichten, wie in Abbildung [5.21] erkennbar ist. Nach dem Wachstum der ersten Lage tendieren alle Admonolagen dazu, auf die erste Lage zu wachsen, damit sie ihre Grenzfläche zum Substrat minimieren. Bei diesem Bedeckungsgrad wurde ein vollständig bedecktes Substrat erwartet, was nicht der Fall ist. Es scheint, dass es bei hohen Temperaturen zu einem starken Massentransport von Ceroxid aus der ersten Monolage in die höheren Lagen kommt. Selbst bei hohem Bedeckungsgrad von ca. 8 Monolagen bleibt die Oberfläche unvollständig bedeckt. Die dreieckige Form der Inseln weist auf das Wachstum von thermisch stabilem $CeO_2(111)$ hin. Man merkt, dass die dreieckige Form auf die zweite Lage übertragen wurde und dass die Insel von den anderen Lagen getrennt ist. Dies weist auf das Wachstum von kohärentem Ceroxid-Einkristall hin. Lucie et al.[?] fanden auch eine solche Wachstumsart von Ceroxid auf Cu(111). Die

Abbildung 5.21: 8 ML Bedeckung CeO$_2$ auf Cu(111).

Terrassen auf der Ceroxidschicht sind relativ groß und flach. Die Schichten verfügen über eine Höhe zwischen 16 und 21 Å, was 5 bis 7 geschlossenen Monolagen entspricht. Die Schichten wachsen auf der Cu(111)-Oberfläche unvollständig und zeigen eine dreidimensionale Struktur, was dem Vollmer-Weber-Wachstumsmodus entspricht.

- **Schlussfolgerung**:

Zusammenfassend lässt sich sagen, dass das Wachstum des Ceroxides auf Cu(111)-Einkristallen bei höheren Temperaturen nicht zu einer vollständigen Bedeckung des Substrates führt. Es tendiert seine Grenzfläche zum Substrat zu minimiern und somit wächst Ceroxid dreidimensional. Es scheint, dass das Wachstum bei niedrigen Temperaturen die Diffusion der Ceratome verringert und daher das gewünschte zweidimensionle Wachstum fördert.

5.4 Vergleich der Wechselwirkung von H_2 mit reinen und mit Pd oder Au bedeckten Ceroxidschichten

Edelmetalle auf der Basis von Metalloxiden sind im Allgemeinen die reaktivitätsbestimmenden Bestandteile von heterogenen Katalysatoren; daher werden in dieser Arbeit Pd und Au-modifiziertes Ceroxid hergestellt. Als Beispiel soll die Wechselwirkung von H_2 und O_2 mit Modellkatalyse im Zusammenhang mit Oxidations-/Reduktions-Prozessen untersucht werden. Dazu wurde resonante Photoemissionspektroskopie (RESPES) eingesetzt.

Die Reduktion des Ceroxids ($Ce^{4+} \rightarrow Ce^{3+}$) in Wasserstoff bei ansteigenden Temperaturen von 150 °C bis 500 °C vor und nach der Oxidation in Sauerstoff bei 150 °C für 30 Minuten oder durch Reifung der Pd- und Au-Nanoteilchen führt zur Änderung der Struktur und Morphologie der Ceroxidschichten. Diese Änderungen wurden mittels resonanter Photoemission der Ce 4f-Zustände verfolgt. Das Verhalten wurde mit der Reduktion der reinen Ceroxid-Dünnschicht unter den gleichen Bedingungen verglichen. Alle Experimente wurden an der Materials Science Beamline 6.1 [MSB] in der Elettra Synchrotron-Strahlungsquelle in Triest durchgeführt. Die Beamline ist mit dem Synchrotron über einen Undulator und einem Monochromator verbunden, welcher auf verschiedene Wellenlängen optimiert ist. Sie decken einen Photonenbereich von $h\nu = 20$ eV bis 1000 eV ab. Somit sind auch die Ce 4f-Resonanzzustände bei $h\nu = 121{,}4$ eV und 124,8 eV erreichbar.

Die Photoemissions-Spektren wurden bei normaler Emission aufgenommen. Die folgenden Photonenenergien wurden verwendet: 405 eV für Pd 3d, 180 eV für Au 4f und 630 eV für O 1s. Valenzband-Spektren wurden mit Photonenenergien von 115 eV (off-resonanz), 121,4 eV (on-resonanz für Ce^{3+}) und 124,8 eV (on-resonance für Ce^{4+}). AlK_α ($h\nu$=1486,6 eV, ΔE=1 eV) wurde für XPS der Ce 3d-Zustände benutzt.

Epitaktische, gut geordnete $CeO_2(111)$-Schichten wurden durch das Verdampfen von metallischem Cer in einer Sauerstoffatmosphäre bei $5 \cdot 10^{-7}$ mbar bei konstanter Substrattemperatur von 250 °C auf einer Cu(111)-Oberfläche hergestellt. Die Dicke der Ceroxidschicht wurde anhand der Intensität des Cu 2p-Signals vor und nach dem Verdampfen ermittelt. Sie beträgt ca. 16 Å, was auch 5 Monolagen Ceroxidschichen entspricht. Au- und Pd-Nanoteilchen wurden mit Hilfe eines Elektronenstoßverdampfers bei Raumtemperatur auf die $CeO_{2-x}(111)$-Dünnschicht abgeschieden.

Im folgenden Abschnitt wird das reduktive Verhalten von reinem Ceroxid und Gold- bzw. Palladium-modifizierten Ceroxidschichten in Wasserstoff verglichen.

5.4.1 Wechselwirkung von H_2 mit reinem $CeO_2(111)/Cu(111)$

Abbildung [5.22] stellt die Ce 3d- und Ce 4f-Spektren der 1.5 nm dünnen, vollständig bei 250 °C oxidierten Ceroxidschicht auf der Cu(111)-Oberfläche dar. Die beobachteten drei Spin-Bahn-aufgespalteten Dublette $4f^0$, $4f^1$ und $4f^2$ in dem Ce 3d-Spektrum entsprechen ausschließlich denen von Ce^{4+} (siehe Tabelle 1). In der Valenzband-Region findet man den Anteil von O 2p und die resonante Komponente für Ce^{4+}; die resonante Komponente für Ce^{3+} ist kaum nachweisbar. Die Ce 3d-Linien sind die Folge

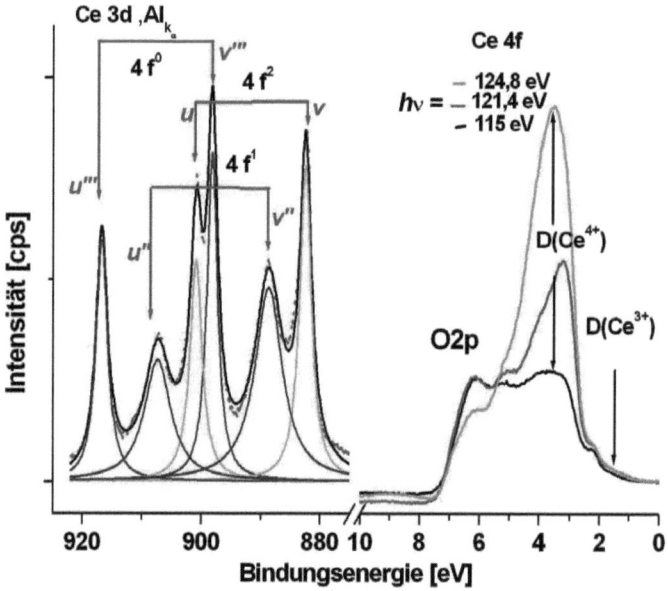

Abbildung 5.22: Ce 3d-Region und Valenzbandspektren der Ce 4f-Region von $CeO_2(111)/Cu(111)$.

der Anfangs- und Endkonfigurationen der Ce 4f-Zustände in Kombination mit der Spin-Bahn-Spaltung. Die Entfaltung der Ce 3d-Linien ergibt sich auch als Folge der Hybridisierung zwischen den besetzten O 2p- und den unbesetzten Ce 4f-Orbitalen [?, ?]. Die Tatsache, dass die Übergänge $4f^2$ und $4f^0$ intensiver als $4f^1$ sind, bedeutet, dass in unserem Fall für eine solche Präparation CeO_2 überwiegt[?, ?, ?].
Im Allgemeinen bestehen die Ce 3d Spektren aber aus Anteilen von Ce^{4+}- und Ce^{3+}-Zuständen; es ist möglich, den Ce^{3+}-Anteil aus dem Ce 3d-Spektrum zu bestimmen. Die

Ion	Anfangskonfiguration	Endkonfiguration	Energiebereich
Ce^{3+}	$3d^{10}4f^1$	v^0, u^0: $3d^94f^2V^{n-1}$	880.5 - 898.8 eV
	$3d^{10}4f^1$	v', u': $3d^94f^1V^n$	885.4 - 904 eV
Ce^{4+}	$3d^{10}4f^0$	v, u: $3d^94f^2V^{n-2}$	882.5 - 901 eV
	$3d^{10}4f^0$	v'', u'': $3d^94f^1V^{n-1}$	888.8 - 907.4 eV
	$3d^{10}4f^0$	v''', u''': $3d^94f^0V^n$	898.3 - 916.6 eV

Tabelle 1: Anfangs- und Endzustände des Ce^{3+}- und Ce^{4+}-Ionen in Ce 3d sowie die Signalbezeichnungen [?].

Berechnung des Ce^{3+}-Anteils erfolgt wie in der Literatur angegeben; man berücksichtigt dazu nur das Ce $3d_{3/2}4f^0$-Signal, da es von der Ce^{3+} ungestört ist [?]. Die Rechnungen von Kotani et al. [?] zeigten aber, dass die Intensität der Ce $3d_{3/2}4f^0$-Signale nicht linear mit dem Anstieg des Ce^{3+}-Anteils abnimmt. Daher kann die Konzentration der Ce^{3+}-Ionen aus den gesamten Spektrum mit Hilfe der Gleichung (20) berechnet werden.

$$c_{Ce^{3+}} = \frac{v^0 + v' + u^0 + u'}{\sum_i(u^i + v^i)} \qquad (20)$$

In unserem Fall ist die Konzentration der Ce^{3+}-Ionen des Ceroxids gering; daher ist es schwierig, aus den Ce 3d-Spektren den Reduktionsgrad zu bestimmen (siehe Abb. 5.22). Im Gegensatz dazu sind die Ce4f-Zustände sehr empfindlich in Bezug auf den Reduktionsgrad. Die resonante Photoemission (RESPES) ermöglicht den besonders empfindlichen Nachweis von Ce^{3+}, in dem man bei 115 eV, 121,4 eV und 124,8 eV Photonenenergie den besetzten Ce 4f-Zustand in der Bandlücke 1,5 eV unterhalb der Fermikante spektroskopiert (siehe Valenzbandbereich zwischen 0 und 8 eV in [Abb.5.22]). Das Verhältnis $D(Ce^{3+})/D(Ce^{4+})$ beträgt hier ca. 0,02, was auf eine gut definierte Stöchiometrie der Ceroxidschichten mit einem sehr kleinen Anteil an Ce^{3+}-Ionen schließen lässt; in Übereinstimmung mit der Analyse des Ce 3d-Spektrums.

Auf der Grundlage der XPS- und RESPES-Messungen lässt sich daher sagen, dass eine vollständige, epitaktische CeO_2(111)-Dünnschicht mit einer Dicke von ca. 1,5 nm (5 ML CeO_2) bei 250 °C in Sauerstoffpartialdruck $5 \cdot 10^{-7}$ mbar auf dem Cu(111)-Einkristall gewachsen ist.

Die Wechselwirkung dieser $CeO_2/Cu(111)$-Proben mit Wasserstoff H_2 ($1\cdot10^{-6}$ mbar für 30 Minuten) wurde bei unterschiedlichen Temperaturen mittels XPS und RESPES untersucht, indem man die RESPES-Spektren der Valenzband-, O 1s-Region nach jeder H_2-Behandlung aufnahm. Neben dem Peak bei 528,9 eV ist in dem Photoelektronen-

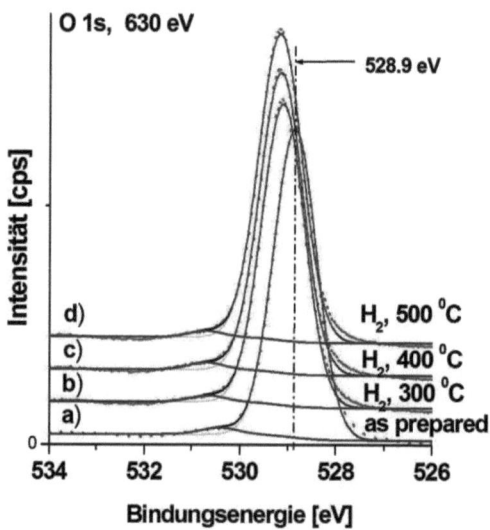

Abbildung 5.23: Serien von O 1s-RESPES-Spektren (hν= 630 eV): a) reines CeO_2(111) b) nach der Wechselwirkung mit Wasserstoff bei 300 °C, c) 400 °C, d) 500 °C.

Spektrum des O 1s-Zustands der "as prepared"-Ceroxidschicht in Abbildung [5.23] eine schwache Schulter bei 530,5 eV zu sehen. Nach der Wechselwirkung von H_2 bei 300 °C zeigt das O 1s-Signal einen Peak bei 529,10 eV und eine sehr geringe Schulter bei ca. 530,7 eV. Diese hat näherungsweise eine Intensität von 1,7 % des Hauptpeaks. Beobachtet wird eine Verschiebung des Spektrums zur kleineren kinetischen Energien um ca. 0,2 eV. Sie kann durch eine geringfügig erhöhte Austrittsarbeit Φ der Probe erklärt werden; die Bindungsenergie bleibt in der Abbildung nach wie vor auf das Fermi-Niveau der metallischen Cu(111)-Probe referenziert. Die Verschiebung im O 1s-Peak ist der erste Hinweis dafür, dass die Wechselwirkung mit Wasserstoff das Ceroxid verändert. Bei höheren Temperaturen nimmt der $\Delta\Phi$-Effekt praktisch kaum noch zu. Anschließend wurde die Probe in Sauerstoff p_{O_2}=$5\cdot10^{-7}$ mbar für 30 Minuten bei

150 °C getempert (Abb. [5.24], O 1s-Signale). Nach diesem Schritt wurde die H$_2$-Wechselwirkung nochmal untersucht. Man kann feststellen, dass die Reoxidation den

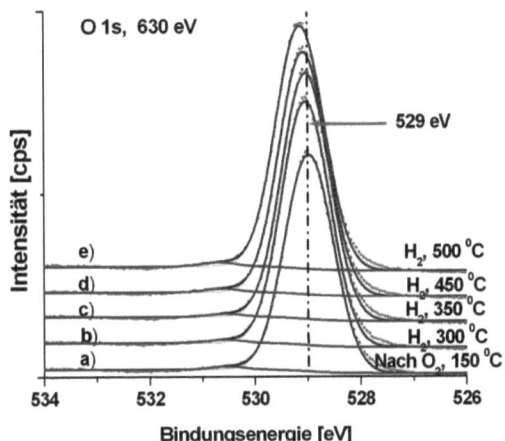

Abbildung 5.24: Serien von O 1s-RESPES-Spektren (hν= 630 eV): a) Nach der Oxidation CeO$_2$(111) b) nach der Wechselwirkung mit Wasserstoff bei 300 °C, c) 350 °C, d) 450 °C, e) 500 °C.

beobachteten $\Delta\Phi$-Effekt rückgängig macht [?]. Mit H$_2$-Behandlung wird dann die Verschiebung der O 1s-Signale zu höheren Bindungsenergien beobachtet. Die Abbildung [5.24] verdeutlicht durch den Vergleich der O1s-Signale, dass die beobachtete Verschiebungen in der voroxidierten Probe geringer sind. Sie beträgt ca. 0,15 eV.
Zum Abschluss werden die RESPES-Spektren der beiden Proben während der Wechselwirkung mit Wasserstoff bei p_{H_2}=1·10^{-6} mbar in der Abbildung [5.25] vorgestellt. Alle Spektren der "as prepared"-Probe und der voroxidierten Probe wurden bei Raumtemperatur aufgenommen. Man findet eine Erhöhung der Konzentration der Ce^{3+}-Ionen in der beiden Proben, aber keine detektierbare OH-Gruppen. Es wurde hier auch eine Verschiebung der Spektren um 0.20 eV für die "as prepared"-Probe beobachtet. Dies bestätigt den $\Delta\Phi$-Effekt in den O 1s-Spektren. Das Heizen der stöchiometrischen Ceroxidschichten in Wasserstoff führt zur Reduktion des Ceroxids und Heizen in Sauerstoff führt zur Reoxidation. Man findet, dass das D(Ce^{3+})/D(Ce^{4+})-Verhältnis ansteigt (siehe Abb. [5.26]). Unterhalb von 250 °C wird ein leichter Anstieg beobachtet; oberhalb 250 °C wird eine stärkere Zunahme festgestellt. Es scheint, dass die Sauerstoffbehand-

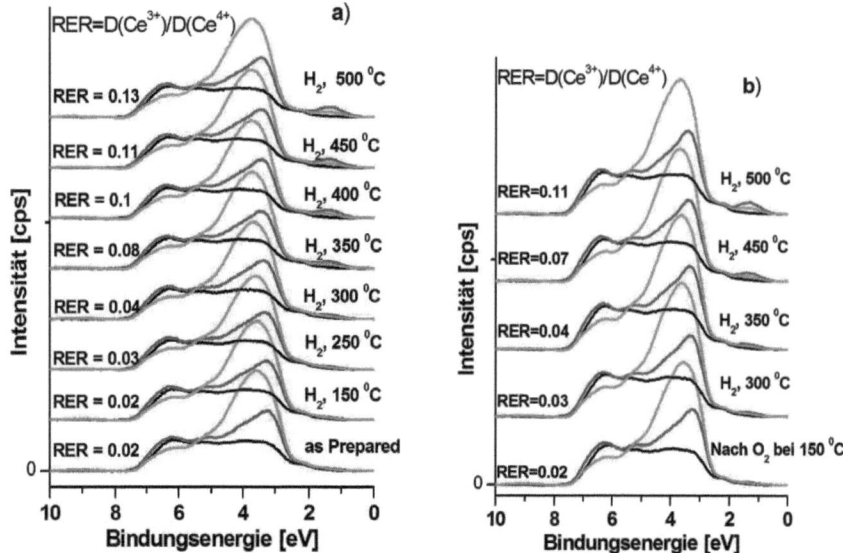

Abbildung 5.25: Valenzband-Photoelektronenspektren von, a) "as prepared" und b) voroxidierten $CeO_2(111)/Cu(111)$-Probe nach Wasserstoff-Behandlung für 30 Minuten bei unterschiedlichen Temperaturen.

lung diesen Effekt um 50 °C in Richtung höherer Temperaturen verschiebt. Bensalem et al. [?] untersuchten die Wechselwirkung des Ceroxids mit Wasserstoff. Sie fanden, dass die Reduktion von reinem Ceroxid in Wasserstoff in der Nähe von 250 °C beginnt. Dies stimmt mit unseren Ergebnissen überein.

DFT-Rechnungen von Tsung [?] zeigten, dass die Zersetzung von H_2 auf CeO_2 schrittweise abläuft, bei dem Wasserstoff auf Ce^{4+} oder O^{2-} adsorbiert (Van der Waals-Kräfte). Danach wird H_2 dissoziiert, und es bilden sich OH-Gruppen. Die OH-Gruppen diffundieren auf die Oberfläche und wechselwirken miteinander. Diese Wechselwirkung führt zur Reduktion des Ceroxids und der Bildung von Sauerstoffleerstellen, wenn das aus OH-Gruppen gebildete chemisorbierte Wasser desorbiert.

Um die thermischen Effekte auf das Reduktionsverhalten von Ceroxid im Wasserstoff der "as prepared" Probe und der oxidierten Probe näher zu verstehen, wurde in Abbildung [5.26] der Reduktionsgrad (RER) $D(Ce^{3+})/D(Ce^{4+})$ als Funktion der Tem-

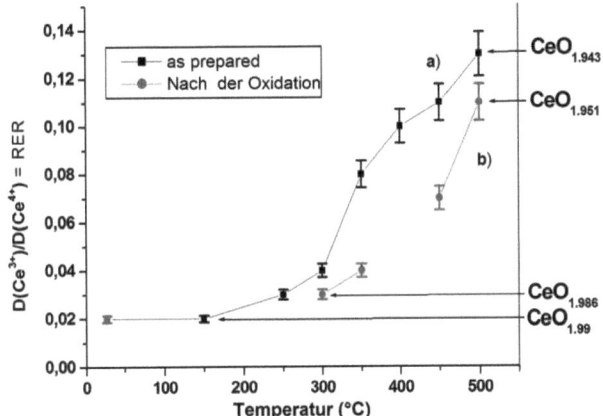

Abbildung 5.26: Reduktionsgrad von CeO$_2$/Cu(111) aufgrund der H$_2$-Behandlung in Abhängigkeit von der Temperatur, a) die "as prepared" Probe, b) die voroxidierte Probe bei 150 °C.

peratur dargestellt und die Stöchiometriekoeffizienten des Ceroxids berechnet. Die Ce 4f-Intensität ist ein Maß für die Ce^{3+}-Konzentration im CeO$_{2-x}$, die sich während der Wechselwirkung mit Wasserstoff ändert. Werden x O^{2-}-Ionen aus der Oberfläche entfernt, entstehen 2x Ce^{3+}-Ionen. Die entstandene Ceroxid-Phase lässt sich als Ce$^{3+}_{2x}$Ce$^{4+}_{1-2x}$O$_{2-x}$ formulieren. Für die Berechnung von x gilt:

$$RER = \frac{2x}{1-2x}$$

. Bei 500 °C führt die Wechselwirkung mit Wasserstoff also zu einer Reduktion der Cerdioxidschichten. Es entsteht ein leicht reduzierter Film mit x= 0,057 (Ce$^{3+}_{0,114}$Ce$^{4+}_{0,886}$O$_{2-0,057}$). Es ist festzustellen, dass eine signifikante Aktivität des reinen Ceroxids im Wasserstoff erst bei höheren Temperaturen nachweisbar ist.

5.4.2 Wechselwirkung von H_2 mit $Pd/CeO_2(111)/Cu(111)$

Palladium ist ein häufig verwendetes Übergangsmetall in der Katalyse. Es wird besonders für CO-Oxidationsreaktion verwendet, da CO-Moleküle leicht auf Pd/CeO_2 adsorbiert werden können [?]. Teschner et al. [?] zeigten mittels "high-pressure" XPS und in-situ DRIFTS, dass die CO-Oxidation mit Sauerstoff an Pd/CeO_2 in Gegenwart von Wasserstoff erschwert wird, da sich unter diesen Bedingungen Palladium β-Hybride bilden. Der Grund hierfür liegt darin, dass dann eine Konkurenz-Reaktion bevorzugt auftritt, in der Sauerstoff aus der Gasphase zu Wasser reagiert, das zuvor von der Oberfläche des Katalysators desorbiert.

Um den Effekt von Pd-Nanoteilchen bezüglich des Reduktionsverhaltens des Ceroxids näher zu untersuchen, haben wir Pd auf Ceroxid abgeschieden, indem wir auf die präparierten CeO_2-Schichten thermisch Palladium aufgedampft haben. Anschließend wurden die Proben in Wasserstoff (P_{H_2} =1·10^{-6} mbar für 30 Minuten) getempert. Danach wurden die Ce 3d-, O 1s- und Pd 3d-Spektren unter Normal-Emission aufgenommen. Die

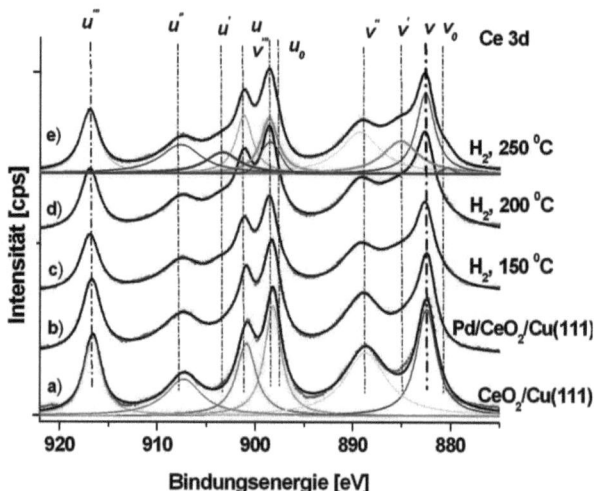

Abbildung 5.27: Serien von Ce 3d XPS-Spektren bei hν=1486,7 eV, a) der reinen CeO_2(111)-Schicht, b) nach Aufdampfen ca. 0,1 ML Pd, c) nach der Wechselwirkung mit Wasserstoff bei 150 °C, d) 200 °C, e) 250 °C.

Spektren von reinem Ceroxid in der Abbildung [5.27] enthalten alle die Spin-Bahn-

Dubletts 4 f^0, 4 f^1 und 4 f^2, die dem Ce $^{4+}$ entsprechen. Nach der Deposition von Palladium ist in dem Ce 3d-Spektrum eine nicht vernachlässigbare Veränderung aufgetreten: man findet neue spektrale Komponenten bei 885 und 903,5 eV, die dem Ce^{3+} zugeordnet werden können [?, ?]. Es ist auch deutlich zu erkennen, dass die Konzentration der Ce^{3+}-Ionen mit steigender Temperatur ansteigt. Wilson et al.[?] untersuchten das Redox-Verhalten am $Pd/CeO_{2-x}/Pt(111)$-Modell und fanden, dass Pd eine Zunahme des Ce^{3+}-Anteils bewirkt. Dies wurde als Ladungstransfer von Pd zu CeO_{2-x} erklärt. TPR-Untersuchungen auf CO-Oxidation in Wasserstoff von Zhu et al.[?] bestätigten die Koexistenz von Pd^{2+} und Pd^0 im Pd/CeO_2.

Aus der Grundlage der XPS-Messungen können wir bestätigen, dass Palladium eine deutliche Reduktion der Ceroxidschichten im Vergleich zu reiner CeO_2-Schicht bewirkt. Die Änderungen werden erst bei 250 °C deutlicher. Der Anteil der Ce^{3+}-Ionen beträgt bei 250 °C ca. 38 %. Abbildung [5.28] stellt die Valenzband-Spektren der mit

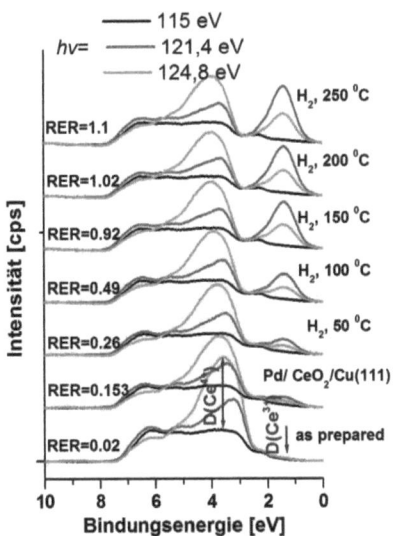

Abbildung 5.28: Valenzband-Photoelektronenspektren von $Pd/CeO_2(111)/Cu(111)$-Probe nach 30-minütigen Wasserstoff-Behandlung bei unterschiedlichen Temperaturen.

ca. 0,1 ML Palladium beschichteten Ceroxidschichten dar. Sie wurden mittels Synchrotronstrahlung bei einer Photonenenergie, die der Ce 4d bis Ce 4f Absorptionskante entspricht, bestimmt. In den Ce 4f-Spektren ist neben den intensiven Strukturen bei $E_{bind} = 3{,}8$ eV eine weitere wesentliche intensitätsschwächere Struktur bei $E_{bind} = 1{,}4$ eV erkennbar. Ihre Intensität steigt mit steigender Temperatur an. Sie kann dem Ce 4f-Emission der Ce^{3+} zugeordnet werden und die Reduktion des Ceroxids bestätigen. Der Reduktionsgrad beträgt nach der Deposition von Palladium 0,153. Dies bedeutet, dass Ceroxid direkt nach dem Aufdampfen von Palladium bei Raumtemperatur partiell reduziert wird. Sennanayake et al. [?] bestätigten, dass CO bei Raumtemperatur auf Pd/CeO_2 teilweise dissoziiert während Pd das Ceroxid reduziert. Die H_2-Behandlung der Ceroxidschichten bei steigenden Temperaturen bedingt einen Anstieg des Reduktionsgrades. Er erreicht einen Wert von 1,1 bei 250 °C; dies entspricht $CeO_{1,73}$.

In Bezug auf die Reduktion wurden auch $Pd/CeO_2/Cu(111)$-Proben, die zusätzlich einer O_2-Behandlung unterworfen wurde ($p_{O_2}=5\cdot 10^{-7}$ mbar, 150 °C) untesucht. Die Ce 4f-Valenzband-Spektren sind in Abbildung [5.29] dargestellt. Sie ähneln denen bei nicht oxidierte $Pd/CeO_2/Cu(111)$-Probe. Sauerstoff-Behandlung ruft keine Änderung auf das Redox-Verhalten der Probe hervor. Vergleicht man die Ce 4f-Valenzband-

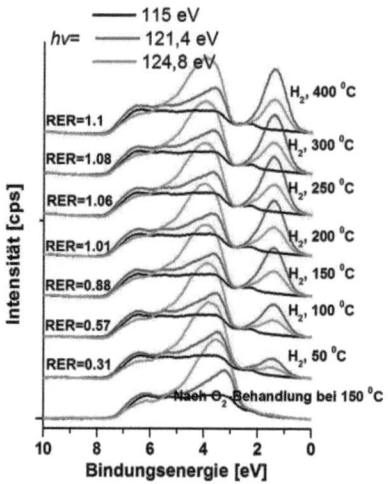

Abbildung 5.29: Valenzband-Photoelektronenspektren von der voroxidierten $Pd/CeO_2(111)/Cu(111)$-Probe nach 30 minütigen Wasserstoff-Behandlung bei unterschiedlichen Temperaturen.

Spektren der $Pd/CeO_{2-x}/Cu(111)$-Probe mit denen von reiner $CeO_{2-x}/Cu(111)$-Probe lässt sich aussagen, dass der Effekt der Pd-Nanoteilchen eine signifikante Änderung in der Reduzierbarkeit der Probe verursacht; erkennbar an den Ce 4f-Zuständen bei ca. 1,4 eV. Matharu et al. [?] untersuchten den Effekt der Palladium-Nanoteilchen an der $CeO_2/Pt(111)$-Oberfläche und fanden, dass Pd-Nanoteilchen eine Reduktion der Ceroxidschicht verursachten und dass der Reduktionsgrad mit steigender Palladiummenge ansteigt. Das $Pd/CeO_{2-x}(111)$-System ist chemisch aktiver als reines Ceroxid auf Cu(111)[?].

Das Experiment wurde in Abbildung [5.30] zusammengefasst, in dem wir den Reduktionsgrad $D(Ce^{3+})/D(Ce^{4+})$ in $Pd/CeO_{2-x}/Cu(111)$ als Funktion der Temperatur während des Heizens in Wasserstoff aufgetragen haben.

Wir haben festgestellt, dass der Reduktionsgrad $D(Ce^{3+})/D(Ce^{4+})$ zwischen Raum-

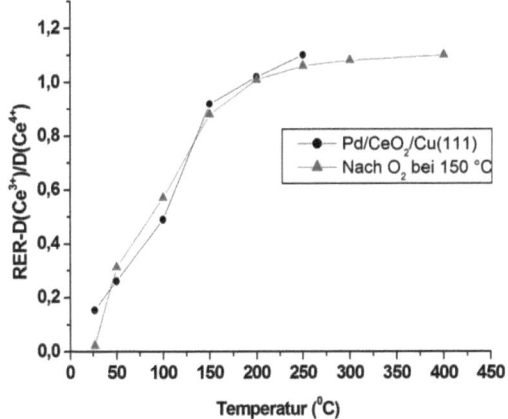

Abbildung 5.30: Entwicklung des Reduktionsgrades von $Pd/CeO_{2-x}/Cu(111)$-Probe nach der Temperaturbehandlung im Wasserstoff bei unterschiedlichen Temperaturen vor und nach der Oxidation im Sauerstoff bei 150 °C.

temperatur und 250°C linear ansteigt. Bei 250 °C beträgt der Reduktionsgrad etwa 1,1 und 1,06 nach der Oxidation. Der Gehalt an Ce^{3+}-Ionen ändert sich ab 250 °C im Rahmen des Fehlers nicht mehr. Dasselbe Verhalten wurde nach der Oxidation in Sauerstoff (p_{O_2}=5·10^{-7} mbar, 150 °C, 30 Minuten) beobachtet. Sowohl XPS- als auch RESPES-Messungen bestätigen, dass eine H_2-Behandlung der Ceroxidschichten in Gegenwart von Palladium eine starke Reduktion verursacht.

Um den Redoxprozess der Pd/CeO_2-Schichten im Wasserstoff zu deuten, wurden die O

1s-Signale der beiden Proben aufgenommen. Sie sind in den Abbildungen [5.31] dargestellt. Nach der Abscheidung von Palladium werden zwei Zustände in dem O 1s-Signal bei 529 eV und 531,2 eV sichtbar. Erhöht man die Temperatur auf 250 °C, verschiebt sich der O 1s-Zustand um ca. 0,4 eV in Richtung höherer Bindungsenergien. Die Intensität des zweiten Zustandes wächst mit steigender Temperatur. Nach Matolin et al.[?] kann die Schulter den O^{2-}-Ionen, die an Ce^{3+}-Ionen oder an Hydroxyl-Gruppen gebunden sind, zugeordnet werden. Zhu et al. [?] beobachteten die Bildung von OH-Gruppen auf Pd/CeO$_2$, in dem sie eine WGS-Reaktion zwischen CO und die gebildeten OH-Gruppen in TPR-Messungen detektiert haben. Wir fanden, dass die O 1s-Signale in

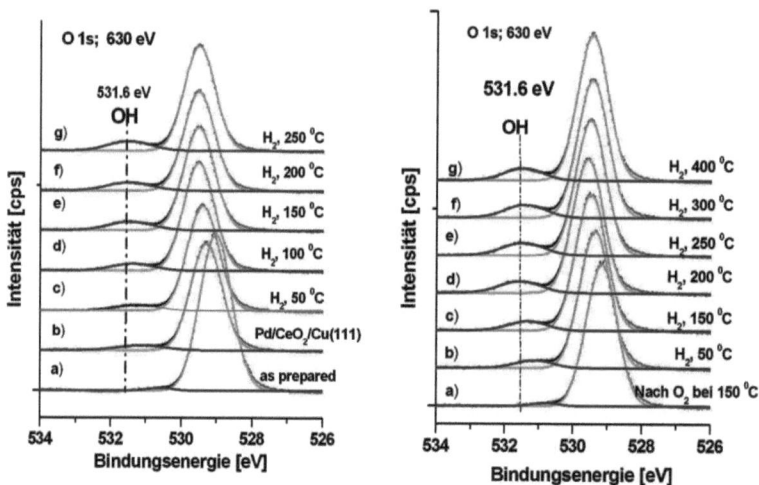

Abbildung 5.31: Serien von O 1s-RESPES-Spektren der Pd/ CeO$_2$(111)-Probe bei hν=630 eV, Links: Vor der Oxidation, Rechts) nach der Oxidation im Sauerstoff p_{O_2}=5·10^{-7} mbar und bei 150 °C für 30 Minute.

der voroxidierten Pd/CeO$_2$-Probe auch zwei Zustände aufweisen und somit die Oxidation in Sauerstoff zu keinen sichtbaren Veränderungen der O 1-Signale führt. Allerdings ist die Intensität der OH-Gruppen höher als zuvor. Sie wächst mit steigender Temperatur. Da die Bildung von OH-Gruppen auf reinem CeO$_2$/Cu(111) nicht beobachtet wurde, lässt sich vermuten, dass Palladium die Bildung von OH-Gruppen begünstigt; vorzugsweise an der Dreiphasen-Grenze zwischen Pd, CeO$_2$ und der Gasphase. Man kann davon ausgehen, dass wegen der Verteilung der Teilchen über dem Ceroxid die

OH-Gruppen auf der ganzen Oberfläche vorhanden sind.
Abbildung [5.32] zeigt eine Serie von Pd 3d-RESPES-Spektren. Man findet, dass Pd

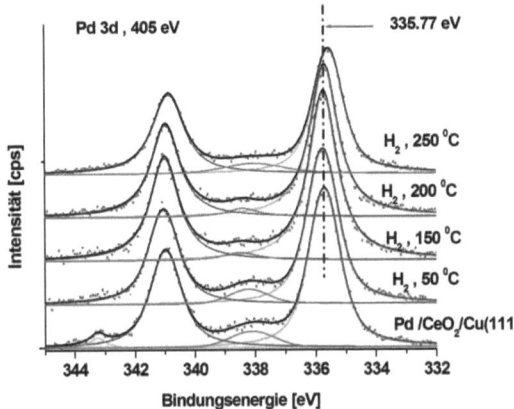

Abbildung 5.32: Serien von Pd 3d-RPESES-Spektren (hν= 405 eV) der sauberen und mit H$_2$ belegten Pd/CeO$_{2-x}$/Cu(111)-Probe in Abhängigkeit von der Temperatur in Wasserstoff für je 30 Minuten.

3d$_{5/2}$ einen neuen Zustand bei 338 eV, neben dem metallischen Zustand des Palladiums bei 335,56 eV, besitzt. Das Signal bei 338 eV wird einem Oxidationszustand des Palladiums (Pd^{2+}) PdO zugeschrieben, dessen Intensität mit steigender Temperatur abnimmt und den Übergang von Pd^{2+} zu Pd^0 bestätigt [?]. Der Wert bei 335,56 eV wird metallischen Pd-Teilchen zugeordnet, deren Austrittsarbeit etwas größer ist als die von Pd-Metall. Die Tatsache, dass dieser Wert etwa 0,46 eV höher als die Bindungsenergie des metallischen Palladiums (335,1 eV) ist, weist auf das Vorhandensein von kleinen, metallischen Palladium-Clustern auf der Oberfläche [?] hin.
Die Intensitäten und die Intensitätsverhältnisse der beiden Zustände nehmen mit steigender Temperatur ab. Dies kann als Reifungprozess der vorher beobachteten, kleinen Clustern erklärt werden. Erreicht die Temperatur einen Wert von 250 °C, wird die Intensität der beobachteten Schulter bei 338 eV geringer. Dies bedeutet, dass eine Zersetzung des Palldiumoxids PdO stattfindet. Es wird auch beobachtet, dass die Bindungsenergie des Pd 3d$_{5/2}$-Zustands um 0,21 eV geringer wird. Gleichzeitig findet man in der Ce 4f-Region eine hohe Ce^{3+}-Konzentration in Pd/CeO$_2$/Cu(111), die mit steigender Temperatur ansteigt. Die Reduktion von Ceroxid und Palladiumoxid sind

miteinander gekoppelt.

Man kann den Gesamtprozess bei der H_2-Wechselwirkung und unterschiedlichen Temperaturen durch folgende Elementarreaktionen beschreiben, die in Abbildung [5.33] zusammengefasst sind.

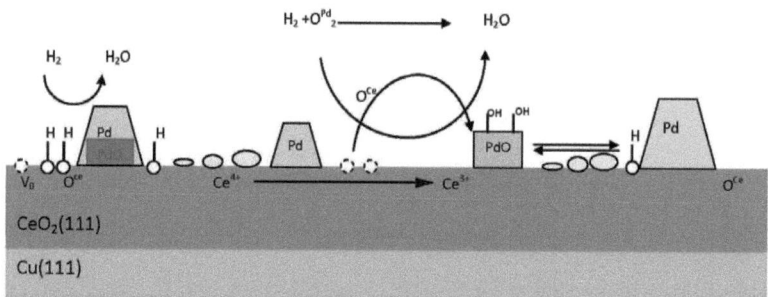

Abbildung 5.33: Mechanismus des Redoxprozesses von Pd/CeO_2 im Wasserstoff.

1. $PdO + H_2 \xrightarrow{CeO_2 \frown CeO_{2-x}} Pd + H_2O$

   Das Palladiumoxid reagiert mit Wasserstoff zu Wasser und metallischem Palladium. Da das Wasser sehr schnell desorbiert, lassen sich Sauerstoffleerstellen sehr schnell bilden. Zhu et al.[?] beobachteten, dass die Reduktion von PdO auf CeO_2 im Wasserstoff bei 162 °C mit der Reduktion von CeO_2 begleitet wird. In unserem Experiment wurde dies bei ca. 200 °C beobachtet.

   Bensalem et al. [?] untersuchten die Wechselwirkung des Wasserstoffes mit Pd/CeO_2 anhand der Messung der magnetischen Suszeptibilität zwischen Raumtemperatur und 400 °C und fanden, dass Palladium die Reduktionstemperatur des Ceroxids erniedrigt und erlaubt damit bei Raumtemperatur zu beginnen. Sie konnten auch feststellen, dass Wasserstoff erst auf Palladium bzw. Palladiumoxid adsorbiert wird. Das führt zur Reduktion des Palladiums (Pd^{2+} zu Pd^0). Anschließend erfolgt die Diffusion der Hydroxylgruppen zu Wasser.

2. $CeO_2 + \frac{x}{2}H_2 \xrightarrow{O^{2-} \frown Pd} CeO_{2-x} + xOH$

Es kann aber vorkommen, dass es zu einer erneuten Oxidation des Palladiums durch die aktiven Sauerstoffatome in CeO_2 kommt. Dies begünstigt die Reduktion des Cerdioxids [?] und den Anstieg des OH-Gruppen-Gehalts. Die beobachteten Verschiebungen in Pd 3d- und O 1s-Zustände erklären die Zersetzung des Palladiumoxids und die Reduktion des Ceroxids.

3. $Pd_n \xrightarrow{m>n} Pd_m$

Ein Pd-Teilchen, das sich aus n Teilchen zusammensetzt, reift und setzt sich aus m Teilchen zusammen, wobei m>n. Der Reifungsprozess lässt sich durch die Intensitätsabnahme der Pd 3d-Zustände und den beobachteten Verschiebungen erklären.

Alle diese Reaktionen laufen in unterschiedlichen Maße gleichzeitig ab, da die geschwindigkeitsbestimmenden Schritte verschiedene Zeitkonstanten haben.
Die Wechselwirkung von Wasserstoff mit einer CeO_2/Cu(111)-Probe, die mit einer Submonolage von Pd modifiziert ist, wurde nochmals in einem Temperaturbereich von -120 °C bis 130 °C untersucht. Es wurde ca. 0,1 ML Palladium auf CeO_2(111) bei Raumtemperatur auf die Probe aufgedampft. Die Probe wurde bei tiefen Temperaturen, beginnend von -120 °C, mit H_2 bei einem Druck von $p_{H_2}=1\cdot 10^{-6}$ mbar für eine Minute in Wechselwirkung mit Wasserstoff gebracht. Danach wurde die Temperatur der Pd/CeO_2/Cu(111)-Probe schrittweise in Wasserstoff ($p_{H_2}=1\cdot 10^{-6}$ mbar für je eine Minute) erhöht. Es wurden Pd 3d- und O 1s-RESPES-Spektren aufgenommen. Sie werden in Abbildung [5.34] gezeigt. Der Pd 3d-Zustand zeigt wieder zusätzlich zu dem Signal des metallischen Palladiums Pd $3d_{5/2}$ bei 335,47 eV die Emission bei 338 eV, die der Bildung von Palladiumoxid (PdO) zugeordnet wird. Der $Pd_{3/2}$-Zustand bei 335,47 eV besitzt eine erhöhte Austrittsarbeit im Vergleich zum Pd-Metall. Dies ist konsistent damit, dass Palladium in Form von kleinen Clustern auf der Oberfläche vorliegt.
Ergänzend dazu wurden die O 1s-Signale der Pd/CeO_2(111)-Probe bei jedem Schritt aufgenommen. Sie sind ebenfalls in Abbildung [5.34] dargestellt. Nach dem Verdampfen von Palladium werden in den O 1s-Signalen zwei Zustände bei 529 eV und 531 eV sichtbar. Das Signal bei 531 eV kann O^{2-}, die an Ce^{3+} gebunden sind oder den Hydroxyl-Gruppen zugeordnet werden [?]. Erst nach Kühlung der Oberfläche auf -120 °C wurde adsorbiertes Wasser (H_2O) neben den OH-Gruppen auf Pd/CeO_{2-x}/Cu(111)-Oberfläche durch das Signal bei 533,1 eV nachgewiesen. Maximal wird das Signal nach dem Einlass von Wasserstoff bei -110 °C. Es ist noch zu beobachten, dass das Wasser schon bei -90 °C desorbiert wird. In der Literatur [?] wurde berichtet, dass

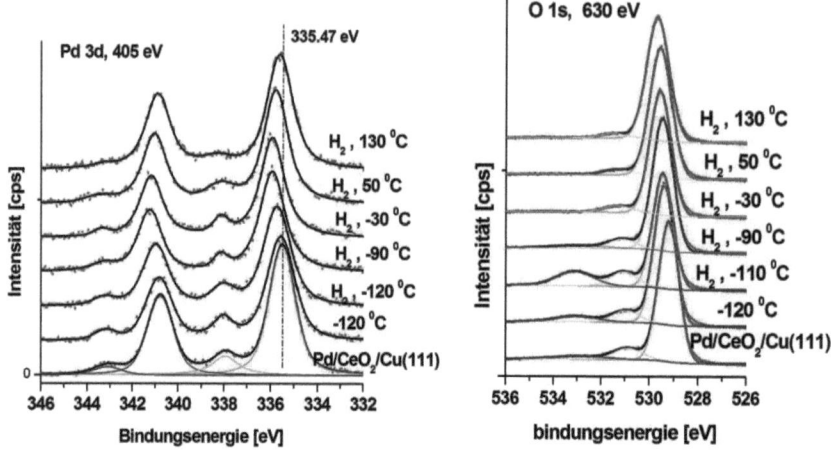

Abbildung 5.34: Serien von Pd 3d-RESPES-Spektren (hν= 405 eV) und O 1s-RESPES-Spektern (hν=630 eV) der sauberen und mit H$_2$ belegten Pd/CeO$_{2-x}$/Cu(111)-Probe bei tiefen Temperaturen in Abhängigkeit von der Temperatur nach dem Heizen in Wasserstoff für je 1 Minute.

Wasser bei niedrigen Temperaturen zwischen -70 °C und -90 °C desorbiert. Erhöht man die Temperatur auf -110 °C, findet man nach einer Minute H$_2$-Wechselwirkung eine erhöhter Ce^{3+}-Dichte und höhere Oberflächenkonzentrationen an OH-Gruppen. Der Anteil des Wassers ist dabei drastisch angestiegen. Die Änderung der Dichte von Ce^{3+} ist sehr empfindlich, wenn man Ce 4f-Valenzband-Spektren aufnimmt. Der Reduktionsgrad wurde aus der RESPES-Messungen berechnet und in Abbildung [5.35] als Funktion der Temperatur aufgetragen. Es ist zu beobachten, dass der Reduktionsgrad in der Abbildung zwischen -120 °C und -90 °C abnimmt und zwischen -90 °C und 130 °C zunimmt. Zwischen -120 °C und -90 °C verschieben sich Pd 3d-Zustände zu höheren Bindungsenergien. Erhöht man die Temperatur über -90 °C kehrt sich die Verschiebung um (in Richtung niedriger Bindungenergien). Dies kann als Folge der Austrittsarbeitsänderungen auftreten. Dies stimmt mit den RESPES-Messungen überein.
Kühlt man die Pd/CeO$_2$ auf -120 °C ohne Wasserstoff-Begasung, findet man einen geringen Anteil an Wasser im Vergleich zu den OH-Gruppen, da Dissoziation von Wasser nur an den Sauerstoffdefekten auftritt. Das ist konsistent mit Ce 4f RESPES-Messungen (der Reduktionsgrad beträgt gerade Mal (0,095). Es vehält sich so, dass bei

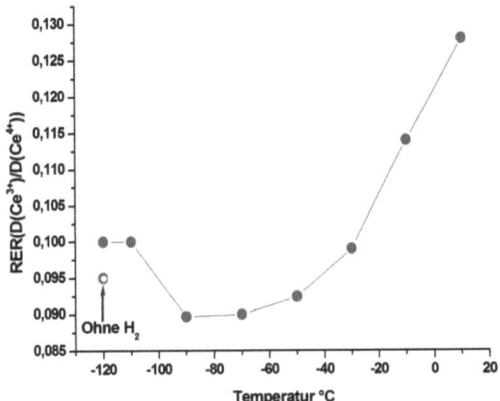

Abbildung 5.35: Entwicklung des Reduktionsgrades von Pd/CeO$_{2-x}$ bei tiefen Temperaturen im Wasserstoff.

-90 °C die Diffusion der OH-Gruppen auf der Oberfläche stattfindet und der Anfang der Reduktion des Palladiumoxids erklärt wird und somit die Starttemperatur des Reduktionsprozesses des Ceroxides in Wasserstoff bei niedrigen Temperaturen erlaubt. Da OH-Gruppen zu Wasser übergehen, was beobachtet wurde.

5.4.3 Wechselwirkung von H$_2$ mit Au/CeO$_2$(111)/Cu(111)

Gold wurde für lange Zeit als katalytisch inaktiv betrachtet [?]. Erst in jüngster Zeit fand man, dass auch Gold in Form von Teilchen bestimmter Größe eine hervorragende katalytische Aktivität, besonders für die CO-Oxidation, zeigt [?]. Seitdem Goodmann et al. [?] zeigten, dass Gold-Nanoteilchen auf Metalloxiden eine hohe Aktivität gegenüber der CO-Oxidation (PROX-Reaktion) bei niedrigen Temperaturen haben, hat die Erforschung das Gold/Metalloxid-System eine hohe Aufmerksamkeit erfahren. Sie fanden, dass metallische Gold-Nanoteilchen unverzichtbar für die CO-Oxidation auf Metalloxiden sind. Es wurde nachgewiesen, dass die katalytische Aktivität der Systeme eng mit der Struktur an den Grenzflächen zwischen den Gold-Teilchen und den Metalloxidoberflächen zusammenhängt, da die Ladungsübertragung von der Oxidoberfläche zu den Gold-Teilchen das Gold aktiviert.

Die Abscheidung von Gold-Nanoteilchen auf Metalloxidschichen hat sich als eine gut geeignete Methode herausgestellt, um detailliert die katalytische Aktivität des Goldes hervorzurufen [?]. Gold-basierte Katalysatoren sollten sich zum Beispiel für die Wasser-Gas-Shift-Reaktion (WGS) und damit für die Herstellung von Wasserstoff für Brennstoffzellen eignen [?].

Die Wechselwirkung von Wasserstoff mit einer CeO_2/Cu(111)-Probe, die mit einer Submonolage von Au bedeckt war, wurde in einem weiten Temperaturbereich von -120 °C bis 500 °C untersucht. Es wurde ca. 0,1 ML Gold auf CeO_2(111) bei Raumtemperatur auf der Probe aufgedampft.

In einem ersten Satz von Experimenten wurde die Probe bei tiefen Temperaturen, beginnend von -120 °C, mit H_2 bei einem Druck von $p_{H_2}=1\cdot 10^{-6}$ mbar für eine Minute begast. Die Abbildung [5.36] zeigt die Au 4f-Rumpfelektronenzustände; bestimmt mit RESPES bei 180 eV. Es ist zu beobachten, dass sich Au 4f-Zustände insgesamt in

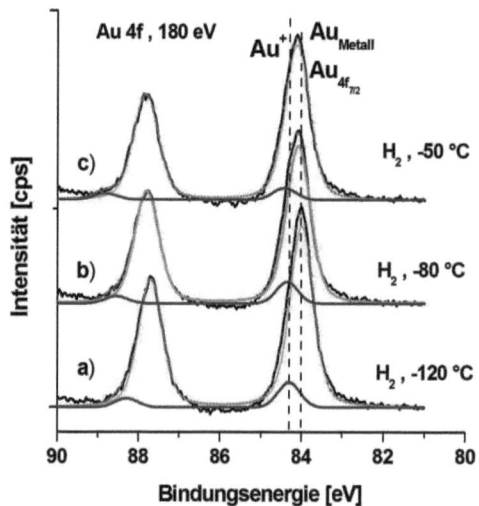

Abbildung 5.36: Serie von Au 4f RESPES-Spektren bei hν=180 eV bei tiefen Temperatur in Wasserstoff der Au/CeO_2(111)/Cu(111)-Probe, a) bei -120 °C, b) bei -80 °C, c) bei -50 °C.

Richtung höherer Bindungsenergien während des Temperaturanstiegs verschieben. Zusätzlich hat sich ein breites Signal im Au $4f_{7/2}$-Linien bei 84,32 eV gezeigt, das einem ionischen Zustand des Goldes zugeordnet werden kann. Erst nach der Erhöhung der

Temperatur im Wasserstoff kommt es zu morphologischen und elektronischen Veränderungen, die sich in einer Verschiebung von 84,32 eV zu 84,46 eV und Verbreiterung des zweiten Zustandes des Au 4f-Signals äußert. Baron [?] beobachtet nach CO-Adsorption bei 100 K eine Erhöhung der Au 4f-Bindungsenergie um ca. +0,9 eV, insbesondere für die kleinen Gold-Teilchen (Small-Particle-Effect).

Die Abbildung [5.37] zeigt Serien von O1s-RESPES-Spektren; gemessen bei einer Photoelektronenenergie von 630 eV. Nach der Wechselwirkung mit Wasserstoff bei tiefen Temperaturen sind drei Zustände in dem O 1s-Spektrum der Au/CeO$_2$/Cu(111)-Probe bei -120 °C sichtbar. Der erste Zustand liegt bei etwa 529,4 eV, was dem Sauerstoff im Ceroxid entspricht. Der zweite Zustand liegt bei 531,1 eV und kann der Bildung von OH-Gruppen zugeordnet werden. Der dritte Zustand ist bei 533,3 eV lokalisiert was adsorbiertem Wasser entspricht. Es ist auch zu beobachten, dass die Intensität

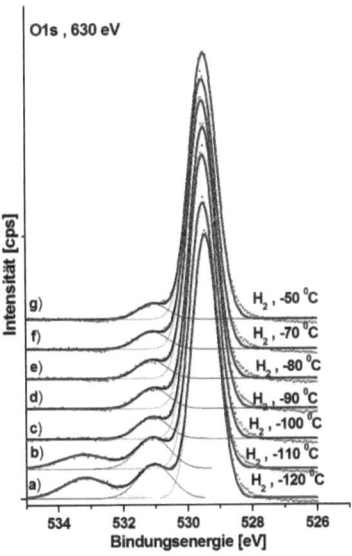

Abbildung 5.37: Serien von O 1s-RESPES-Spektren (hν=630 eV) der sauberen und mit H$_2$ belegten Au/CeO$_{2-x}$/Cu(111)-Probe bei tiefen Temperaturen.

der OH-Gruppen nach der Wasserstoff-Behandlung bei tiefen Temperaturen abnimmt. Karpenko berichtet in seiner Arbeit, dass Au/CeO$_2$ aufgrund der H$_2$-Zugabe in der Gasmischung während WGS-Reaktion bei tiefen Temperaturen deaktiviert wird [?]. Als Ursache für die Deaktivierung schlägt er die Adsorption von Wasserstoff auf Gold vor. In unserem Experiment wurde beobachtet, dass beide Anteile an Au^+ und an OH-Gruppen gleichermaßen abnehmen. Es ist vermutlich zu einem Elektronenaustausch zwischen Ce^{3+} und Gold-Teilchen gekommen.

Aus den RESPES-Spektren des Valenzbandbereiches wurde analog dem im Kapitel [5.4.1] beschriebenen Verfahren die Ce 4f-Intensität bestimmt und damit das Verhältnis von $D(Ce^{3+})/D(Ce^{4+})$. Abbildung [5.38] zeigt das Resultat dieser Berechnung. Das Verhältnis (Reduktionsgrad) wurde bei jeder Temperatur berechnet und als Funktion der Temperatur aufgetragen. Wir fanden, dass der Reduktionsgrad mit Erhöhung der Temperatur abnimmt. Die Abnahme des Reduktionsgrades spricht für Reoxidation der Au/CeO_2-Probe und kann mit dem Ladungstransfer zwischen CeO_2 und Au-Teilchen in Verbindung gebracht werden.

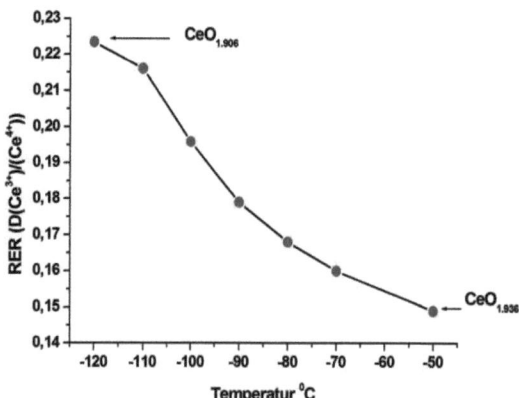

Abbildung 5.38: Entwicklung des Reduktionsgrades der Au/CeO_{2-x}-Probe bei tiefen Temperaturen in Wasserstoff.

In einem zweiten Satz von Experimenten wurde die Wechselwirkung bei höheren Temperaturen bis zu 500 °C, beginnend mit 50 °C, bestimmt. Dazu wurde H_2 bei $1 \cdot 10^{-6}$ mbar (für 30 min) bei einer konstanten Probentemperatur eingelassen; anschließend wurde H_2 abgepumpt und die Probe auf Raumtemperatur abgekühlt. Danach wurden jeweils die Ce 3d, RESPES-Spektren der Valenzband-, O 1s- und Au 4f-Region bestimmt. Die einzelnen Serien sind in den Abbildungen [5.39, 5.40, 5.41, 5.42] dargestellt.

Die Ce 3d-Photoemissionslinien wurden unter Verwendung von AlK_α-Strahlung bei Normal-Emission aufgenommen. Nach dem Aufdampfen von Gold auf $CeO_2/Cu(111)$

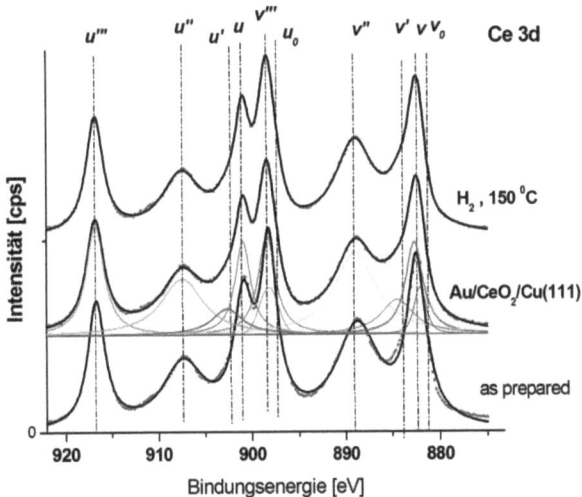

Abbildung 5.39: a) XPS-Spektren der Ce 3d-Rumpfzustände bei hν=1486,7 eV des reinen $CeO_2(111)$, b) nach Aufdampfen ca. 0.1 ML Au, c) nach der Wechselwirkung mit Wasserstoff bei 150 °C.

sind im Ce 3d-Bereich in Abbildung [5.39] zwei schwache Signale bei 885 eV und 904 eV zu sehen, die dem Ce^{3+} zugeordnet werden können. Die Behandlung mit Wasserstoff während einer Temperaturerhöhung führt zu einer vernachlässigbaren Veränderung in Bezug auf die Intensität dieser Signale. Dies bestätigt die Reduzierbarkeit der $CeO_2/Cu(111)$-Probe bei Raumtemperatur in Gegenwart von Gold im Vergleich zu reinem Ceroxid (Siehe Abb. [5.22]).
Abbildung [5.40] stellt die Valenzbandspektren die Ce 4f-Zustände unter on- und off-

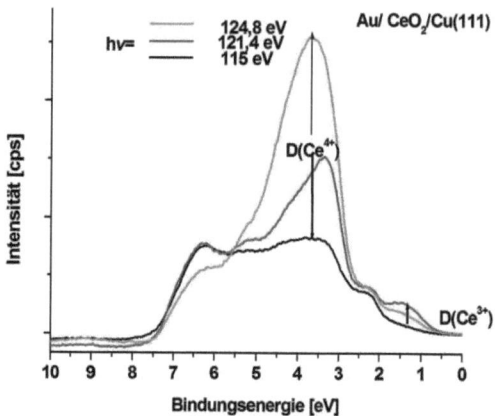

Abbildung 5.40: Ce 4f-Region unter on-und off-Resonanz-Bedingungen des Au/CeO$_{2-x}$(111)/Cu(111)-Modells.

Rezonanz-Bedingungen nach dem Verdampfen von Gold auf CeO$_2$(111)/Cu(111) dar. Es sind zwei resonante Zustände bei etwa 1,4 eV und 4 eV zu erkennen. Sie erreichen ihre Maxima bei jeweils einer Photonenenergie von 121,4 eV (on-Resonanz für Ce^{3+}) und 124,8 eV (on-Resonanz für Ce^{4+}). Dies besagt, dass der Ce^{3+}-Gehalt nach der Au-Deposition deutlich angestiegen ist.
Sowohl XPS- als RESPES-Messungen bestätigen die Reduktion der Ceroxidschicht in Wasserstoff in Gegenwart von Gold-Teilchen.
Im Allgemeinen führt die Wechselwirkung von Gold-Teilchen mit einer Metalloxidschicht zur Änderung der Teilchengröße und des elektronischen Zustands des Metalls, da die in der Metalloxidschicht enthaltenen Sauerstoffleerstellen die Eigenschaften des adsorbierten Metalls ändern können. F. Delbecq et al. [?] beobachteten einen Ladungstransfer zwischen Goldatomen und Mg-Atome. Dies könnte auch in unserem Experiment der Fall sein.
Die Photoemissionsspektren des O 1s-Rumpfzustands für reines und mit Gold bedecktes CeO$_2$(111) sind in Abbildung [5.41] dargestellt. Die Analyse der O 1s-Spektren ergibt, dass das O 1s-Spektrum hauptsächlich aus zwei Zuständen bei 529,2 eV und 530,7 eV besteht. Die Signale können dem im Gitter gebundenen Sauerstoff (Ce^{4+}, 529,2 eV) und dem Sauerstoff an Ce^{3+}-Ionen (530,7 eV) zugeordnet werden [?]. Nach dem Aufdampfen von Gold bei Raumtemperatur ist der Anteil des an die Ce^{3+}-Ionen gebun-

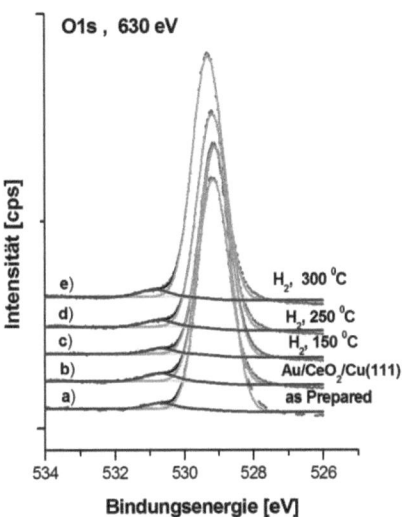

Abbildung 5.41: a) O 1s-Rumpfzustände bei hν=630 eV des reinen CeO$_2$(111), b) nach Aufdampfen ca. 0,1 ML Au, c) nach der Wechselwirkung mit Wasserstoff bei 150 °C, d) 250 °C, e) 300 °C.

denen Sauerstoffs leicht angestiegen. Das ist konsistent mit den RESPES-Spektren des Valenzbandes. Nach dem Einlass von Wasserstoff bei erhöhter Temperatur verschiebt sich das O 1s-Signal zu höheren Bindungsenergien, insbesondere nach dem Tempern bei 300 °C. Die Verschiebung beträgt bei 300 °C ca. 0,16 eV. Die Intensität des zweiten Peaks bei 530,7 eV bleibt weiterhin gering mit einer leichten Zunahme nach der Temperaturbehandlung in Wasserstoff. Diese geringe Zunahme ist ein Hinweis auf einen langsamen Reduktionsvorgang des Ceroxides in Gegenwart der vermutlich gereiften Gold-Teilchen. Das Verhältnis zwischen den an Ce^{3+} und Ce^{4+} gebundenen O^{2-}-Ionen $\frac{I(O^{Ce^{3+}})}{I(O^{Ce^{4+}})}$ beträgt 3,43. Aus den RESPES der O 1s-Signalen wurde ein weiterer Hinweis auf die Reduktion der Au/CeO$_2$/Cu(111)-Probe gewonnen.

Die Au 4f-Linien der schwach reduzierten Probe in Abbildung [5.42] besitzen eine Spin-Bahn-Aufspaltung von 3,7 eV . Der Au 4f$_{7/2}$-Zustand des Au/CeO$_2$/Cu(111) besitzt neben dem Hauptpeak bei 84 eV einen Anteil bei 84,6 eV, welcher im Vergleich zu metallischem Gold (Au^0) bei 84,0 eV zu höheren Bindungsenergien verschoben ist. Dieser

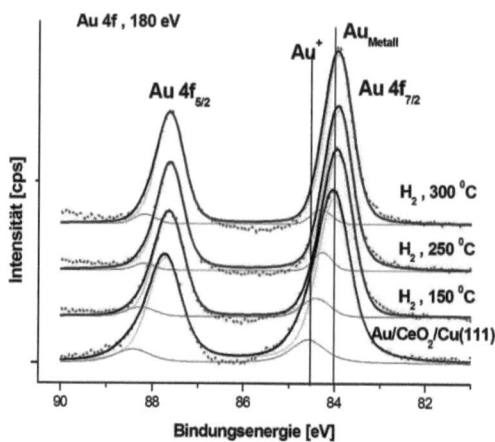

Abbildung 5.42: Au 4f-RESPES-Serie (hν=180 eV) der sauberen und mit H$_2$ belegten Au/CeO$_{2-x}$/Cu(111) in Abhängigkeit der Temperatur nach dem Heizen in Wasserstoff für je 30 Minuten.

kann einem ionischen Zustand des Goldes (Au$^+$) zugeordnet werden [?]. Lässt man Wasserstoff bei p_{H_2}= 1·10^{-6} mbar für 30 Minuten bei Temperaturen zwischen 150 °C und 300 °C ein, werden die Au 4f-Peaks insgesamt schmaler und der Peak bei 84,6 eV verliert an Intensität. Dies verursacht eine negative Verschiebung des Au 4f-Signals. Erreicht die Temperatur einen Wert von 300 °C, verschiebt sich der Hauptpeak nach 83,9 eV. Diese Verschiebung kann durch den Reifungseffekt der Gold-Teilchen [?] oder als Folge eines Elektronentransfers von Gold zu Ce^{4+} verursacht werden.
In der Photoemission müssen verschiedene Grund- und Endzustandseffekte berücksichtigt werden, um die verschiedenen Beobachtungen in den Spektren erklären zu können. Bei kleinem Au-Bedeckungsgrad (hier 0,1 ML) werden kleine Gold-Teilchen gebildet; man kann erwarten, dass ein Klein-Teilchen-Effekt in der Bindungsenergie der Anfangszustände auftritt.
Für kleine metallische Teilchen auf isolierenden Oberflächen kann in der Photoemission ein Endzustandseffekt auftreten, der die Abschirmung des positiven Loches nach der Photoionisation des Au bewirkt. Diese Abschirmung ist ein Effekt, der bei kleinen Teilchen ausgeprägt ist. Das tritt vor allem dann auf, wenn die metallischen Teilchen auf ein elektrisch isolierendes Substrat (wie hier) aufgebracht werden.

Es gibt aber auch Grundzustandseffekte, die zu Veränderungen in den Spektren führen können. Zum Einen kann es infolge unterschiedlicher Austrittsarbeiten von Au-Teilchen und CeO_2 (das als geschlossener Film auf dem Cu(111)-Einkristall hergestellt wurde) zu einem Elektronentransfer kommen. Dieser Effekt kann zunächst nicht von dem eingangs diskutierten Endzustandseffekt in den Spektren unterschieden werden. Weiterhin kann eine Variation der Austrittsarbeit von Au und CeO_2 als Folge der H_2-Wechselwirkung auftreten, so dass sich unter Umständen die Richtung des Elektronentransfers ändern könnte. Die chemischen Wechselwirkungen zwischen H_2 und $Au/CeO_2/Cu(111)$ betreffen im Wesentlichen das CeO_2 bis auf die Adsorption von H_2 auf Au [?], die bei tiefen Temperaturen auftritt. Bei CeO_2 dagegen kommt es - wie man bereits bei der Wechselwirkung von H_2 mit dem System $Pd/CeO_2/Cu(111)$ gesehen hat - zur Bildung von OH-Gruppen und bei tiefen Temperaturen zu H_2O-Adsorption. H_2O-Desorption wurde ebenfalls bereits im Zusammenhang mit Pd/CeO_2 diskutiert (Siehe Kapitel 5.4.2). Weiterhin kann sich die Größenverteilung der Au-Teilchen aufgrund von Oberflächendiffusion von Au-Atomen als Funktion der Temperatur verändern. Hier ist mit der Ostwald-Reifung zu rechnen, bei der auf Kosten der kleinen Teilchen größere entstehen. Indirekt kann dabei auch durch eine teilchengrößenabhängige Veränderung der katalytischen Eigenschaften des Golds auch das CeO_2 beeinflusst werden, z. B. in dem die H_2-Wechselwirkung, die ja das Ergebnis unterschiedlicher Elementarreaktionen ist, beeinflusst wird.

In der Summe ergibt sich also ein komplexes Zusammenspiel verschiedener Faktoren und Effekte, die sich in den Spektren, die nach H_2-Wechselwirkung bei unterschiedlicher Temperatur und Expositionszeit bestimmt wurden, niederschlagen können. Interessanterweise beobachtet man bei Raumtemperatur an der Au-bedeckten CeO_2/-Cu(111)-Probe in den Au 4f-Spektren eine Schulter bei 84,6 eV. Diese Beobachtung wäre mit einem Endzustandseffekt wie oben beschrieben konsistent, aber auch mit einem Grundzustandseffekt aufgrund eines Elektronentransfers von Au (in Form von Teilchen Au_n, die aus n Atomen zusammengesetzt sind) nach CeO_2, wobei sich dabei Au_n^+ bilden würde und eine erhöhte Dichte an Ce 4f-Zuständen auftreten müsste, wenn die Elektronen - wie beim CeO_2 wegen der großen Bandlücke erwartet - in den Ce-Ionen lokalisiert werden. Dies ließe sich als Bildung von Ce^{3+} verstehen. Tatsächlich findet man in den RESPES-Spektren des Valenzbandes der $Au/CeO_2/Cu(111)$-Probe bei Raumtemperatur diese erhöhte Intensität des Ce 4f-Bandlückenzustands. Dies kann nicht durch einen Endzustandseffekt erklärt werden, weil das abgelöste Photoelektron ja nicht auf das CeO_2 übertragen wird.

Beim Abkühlen der Probe auf -120 °C findet man nach kurzer H_2-Wechselwirkung, dass die Dichte an Ce^{3+} der CeO_2-Schicht sogar zunimmt ($D(Ce^{3+})/D(Ce^{3+})$=0,225) und die Schulter im Au 4f intensiver ist. Es scheint so, dass der Elektronentransfer zunimmt. Dies könnte dadurch erklärt werden, dass die Austrittsarbeit des CeO_2 vergrößert bzw. die des Goldes kleiner wird. Dies ist allerdings im Gegensatz zu anderen Metalloxid-Systemen (z.B. TiO_2(110) [?]), deren Austrittsarbeit mit zunehmenden Reduktionsgrad abnimmt. Im Vergleich mit dem $Pd/CeO_2/Cu$(111) ist die Dichte an Ce^{3+} nach H_2-Wechselwirkung bei tiefen Temperaturen größer. Es bilden sich neben H_2O (das nur bis -110 °C adsorbiert bleibt) deutlich höhere Oberflächenkonzentrationen an OH-Gruppen. Diese führen zu einer Emission bei 531,1 eV im O1s-Spektrum (siehe Abbildung [5.37]). Bei -120 °C ist das System Au/CeO_2 aktiver in Bezug auf OH-Bildung als bei -50 °C; dementsprechend ist auch die Ce^{3+}-Dichte bei -120 °C höher.

In den Au 4f-Spektren (siehe Abbildung [5.36]) findet man auch eine geringe Verschiebung der Bindungsenergien, die eventuell auf entsprechend geringfügig veränderte Austrittsarbeiten zurückzuführen ist. Eine kleinere Au_n^+-Dichte deutet auf eine höhere Austrittsarbeit des Goldes im Vergleich zu CeO_2 hin. Dann wird sich die kinetische Energie der Au 4f-Elektronen verringern bzw. die Bindungsenergie wird ansteigen. Das betrifft beide Au 4f-Zustände gleichermaßen, wie man in der Abbildung [5.36] erkennt.

Jetzt werden die Beobachtungen diskutiert, die man nach H_2-Wechselwirkung von $Au/CeO_2/Cu$(111) bei höheren Temperaturen beobachtet (vgl. Abbildung [5.42]). Auffallend ist zunächst die Verschiebung der Au4f-Zustände zu niedriger Bindungsenergie und der Abnahme der Intensität in den -Au 4f-Spektren und die fast unveränderte Konzentration der OH-Gruppen in den O 1s-Spektren. Beim Tempern der Probe auf 300 °C findet man aber nach langer H_2-Wechselwirkung, dass die Dichte an Ce^{3+} zunimmt und die Schulter im Au 4f schwächer wird. Der Elektronentransfer nimmt mit zunehmender Temperatur zu. Die beobachtete Verschiebung in Au 4f zu niedrigen Bindungsenergien erklärt, dass die Austrittsarbeit des Goldes kleiner wird und entsprechend die von CeO_2 größer wird. Die Zunahme der Konzentration an Ce^{3+} widerspricht der Erhöhung der Austrittsarbeit des Ceroxides. Diese Beobachtungen können auf eine Ostwald-Reifung der Au-Teilchen zurückgeführt werden. Das hat zur Folge, dass die Bedeckung des Ceroxides geringer wird und daher der Anteil des Sauerstoffs zunimmt. Dies ist analog zu Resultaten von Dandan et al. [?] an Ag. Sie fanden, dass die Verschiebung der Ag 3d zu höheren Bindungsenergien mit der Abnahme der Ag-Teilchengröße verbunden ist. Valden et al. [?] fanden, dass das Reifen von Gold-Teilchen die Aktivität des Katalysators deaktiviert. Sie sind nur dann aktiv, wenn ihre Größe 4 nm nicht übersteigt.

Abbildung [5.43] stellt einen Plot der gesamten Fläche unter den O 1s und Au 4f-Signalen als Funktion der Temperatur bei einem stets gleichen Wasserstoffpartialdruck von $p_{H_2}=1\cdot 10^{-6}$ mbar dar. Unter 150 °C erfährt die Fläche unter den Au 4f-Peaks

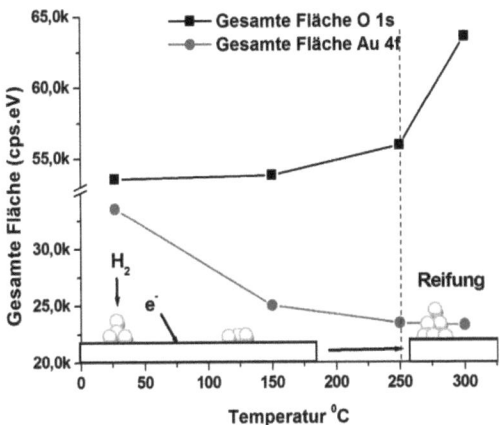

Abbildung 5.43: Die Entwicklung der gesamten Fläche der O 1s- und Au 4f-Signale bei unterschiedlichen Temperaturen in Wasserstoff.

bzw. der Anteil des Goldes eine starke Abnahme bei Erhöhung der Temperatur und die O 1s-Fläche dagegen einen leichten Anstieg. Während der Anteil des Goldes ab 250 °C leicht abfiel, ist der Anteil des Sauerstoffs drastisch angestiegen. Die Abnahme des Gold-Anteils kann als Folge des Reifungsprozess erklärt werden. Dies stimmt mit der Beobachtung von Pan et. al [?] überein. Sie fanden, dass die Abnahme des Gold-Anteils bei Erhöhung der Temperatur an dem Au/ZrO$_2$(111)-System eine Folge der Reifung der Gold-Nanoteilchen ist.

Auch untersucht wurde die Reduktion eines 5 Monolagen dicken CeO$_2$-Films in Wasserstoff nach der Oxidation in Sauerstoff bei $p_{O_2}=5\cdot 10^{-7}$ mbar für 30 Minuten mit Hilfe der resonanten Photoemission. Bei der Reduktion wurden die O 1s-Spektren nach jeder H$_2$-Behandlung aufgenommen; Abbildung [5.44] zeigt eine Serie der O 1s-RESPES-Spektren.

Das Tempern von Au/CeO$_2$ in O$_2$ bei $5\cdot 10^{-7}$ mbar führt dazu, dass die beobachtete Verschiebungen in dem O 1s-Signal verschwindet und sich deren Intensität erhöht. Anschließende Wasserstoff-Behandlung führt zu einer leichten Verschiebung in Rich-

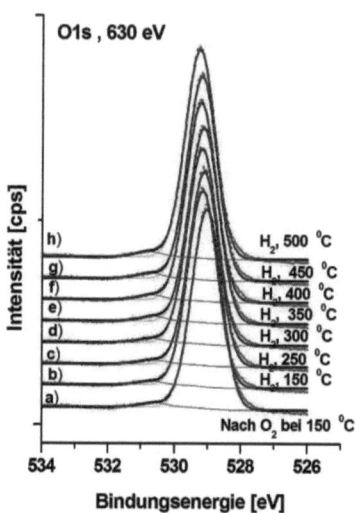

Abbildung 5.44: a) O 1s-Rumpfzustände bei hν=630 eV des oxidierten Au/CeO$_2$(111), b) nach der Wechselwirkung mit Wasserstoff bei 150 °C, c) 200 °C, d) 250 °C, e) 300 °C, f) 350 °C, g) 450 °C, h) 500 °C.

tung höherer Bindungsenergie. Die beobachtete Verschiebung beträgt weiterhin ca. 0,16 eV (bei 500 °C) aber das Verhältnis zwischen den an Ce^{3+} und Ce^{4+} gebundenen O^{2-}-Ionen $\frac{I(O^{Ce^{3+}})}{I(O^{Ce^{4+}})}$ beträgt nur noch 1,37. Dies heißt, dass die Konzentration der OH-Gruppen deutlich geringer ist, als bei der nicht oxidierteten Probe. Die Oxidation der Au/CeO$_2$/Cu(111)-Probe hat den beobachteten Ladungstransport zwischen Gold-Teilchen und Ce^{4+} erschwert.
Empfindlicher kann die Variation der Ce^{3+}-Dichte in den Ce 4f-Valenzband-Spektren nachgewiesen werden, indem man mit resonanter Photoemission spektroskopiert. Abbildung [5.45] zeigt einen Graphen, in dem der Reduktionsgrad aus den RESPES-Messungen der beiden Au/CeO$_2$/Cu(111)-Proben (oxidierte und nicht oxidierte) gegen die Temperatur aufgetragen wurde. Die Reduktion der Au/CeO$_2$(111)-Probe beginnt bei etwa 250 °C und die Anwesenheit von Sauerstoff wirkt so, dass die Reduktion erst bei einer höheren Temperatur von 450 °C beginnt. Der Grund für diese niedrige Konzentration an Ce^{3+} in der oxidierten Probe ist der Reifungseffekt der Gold-Teilchen, da die Probe davor schon auf höhere Temperaturen geheizt wurde. Die gereiften Gold-Teichen

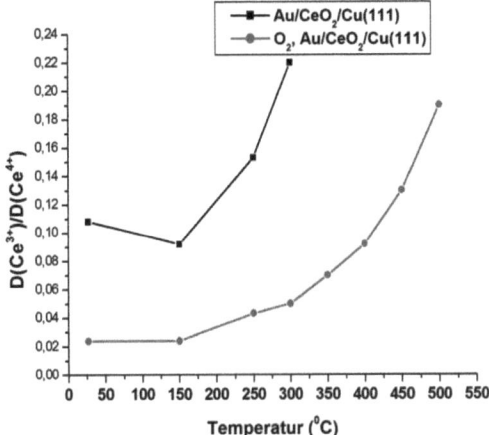

Abbildung 5.45: Die Entwicklung des Reduktionsgrades von Au/CeO$_{2-x}$/Cu(111) in Abhängigkeit von der Temperatur in Wasserstoff vor und nach der Sauestoffbehandlung bei p$_{O_2}$= 5.10^{-7} mbar und 150 °C.

haben jetzt eine geringere Grenzfläche zu CeO$_2$ gegenüber der Summe aller Grenzflächen zwischen den kleinen Gold-Teilchen und den Ceroxidschichten. Dies führt dazu, dass der Ladungstransfer begrenzt wird.

Im Allgemeinen verursacht das Aufbringen von Gold-Nanoteilchen mit einer geringen Menge eine Reduktion der Ceroxidschichten bei höherer (über 250 °C), sowie bei tiefer Temperaturen bis -120 °C. Dies ist die Folge des Ladungstransfers, also der Bildung des ionischen Zustandes des Goldes Au$^+$.

Die Redoxreaktion lässt sich formal durch die chemische Gleichgewichtreaktion beschreiben:

$$kH_2 + Ce^{4+}_{1-2x}Ce^{3+}_{2x}O^{2-}_2 \xrightarrow{Au} Ce^{3+}_{2x+2k}Ce^{4+}_{1-2x-2k}O^{2-}_{2-x-k} + kH_2O$$

. Der Transfer von $2k$ Elektronen verursacht die Bildung von k Sauerstoffleerstellen.

6 Zusammenfassung

In dieser Arbeit wurde das Wachstum, die Struktur ultradünner Ceroxidschichten auf Cu(111)-Einkristallflächen und deren Wechselwirkung mit molekularem Wasserstoff im Ultrahochvakuum untersucht. Es wurde auch untersucht, wie das Verhalten gegenüber H_2 durch Palladium und Gold im Submonolagenbereich verändert wird. Als Techniken wurden Rastertunnelmikroskopie (STM), Röntgen-Photoemissionsspektroskopie (XPS, resonanter Photoemission RESPES), Auger-Elektronen-Spektroskopie (AES) und Beugung niederenergetischer Elektronen (LEED) eingesetzt.

Die Cu(111)-Oberfläche wurde durch Ionenbeschuss (30 Minuten bei Raumtemperatur und bei 450 °C mit Ar^+-Ionen mit ca. 1,5 keV) gereinigt und für 30 Minuten in UHV auf 450 °C getempert, um durch die erhöhte Oberflächendiffusion Strukturdefekte auszuheilen und die Ordnung der Oberfläche zu erhöhen. LEED zeigt, dass die Oberfläche nach dieser Behandlung gut geordnet und nicht rekonstruiert ist. Die STM-Bilder zeigen, dass die Oberfläche atomar flache Terrassen besitzt. Es dominieren Terrassen von ca. 70 nm Breite und eine Reihe von verkürzten Terrassen im Bereich von ca. 10 bis 20 nm. Die Stufenkanten laufen parallel in [110]-Richtung.

Dünne Ceroxidschichten wurden reaktiv durch Aufdampfen von Cer in einer Sauerstoffatmosphäre bei $p_{O_2}=5 \cdot 10^{-7}$ mbar hergestellt, wobei die Substrattemperatur je nach Experiment konstant gehalten oder von Raumtemperatur auf eine bestimmte höhere Temperatur gesteigert wurde. Es wurden Massenäquivalente zwischen 1.5 ML und 8 ML CeO_2 aufgebracht. Danach wurden die Schichten in Sauerstoff für weiteren 10 Minuten getempert. Die so hergestellten Ceroxidschichten wurden mittels STM, LEED, AES und XPS untersucht.

Ein vollständig bedecktes Substrat wurde in zwei Fällen erreicht. Im ersten Fall wurden 5 ML Ceroxidschicht auf dem Substrat bei einer konstanten Temperatur von 150 °C hergestellt. Das Substrat ist komplett bedeckt und die Schichten sind rau. Das kann durch die geringe Diffusionslänge von Ceratomen in höheren Schichten erklärt werden. Im zweiten Fall wurden ebenfalls 5 ML Ceroxidschichten bei einer Temperaturänderung von RT bis 450 °C hergestellt. Die Schichten sind ebenfalls geschlossen, diesmal aber glatt. Das Wachstum der ersten Lage bei Raumtemperatur dient dazu, die Mobilität der Ceratome zu erniedrigen; sie können als geschlossene Grenzschicht auf der Cu(111)-Oberfläche wachsen. In beiden Fällen erfolgt das Wachstum analog zu dem Stranski-Krastanov-Modus. Es wurde auch gezeigt, dass die Präparation bei konstanter, höherer Temperatur nicht zu der vollständigen Bedeckung der Cu(111)-Oberfläche führt, da hohe Temperaturen einen Materialtransport aus der ersten Lage in höhere

Lagen bewirkt. Ceroxid wächst bei höheren Temperaturen auf Cu(111) dreidimensional.
Die Morphologie der Ceroxid-Schichten stellt einen wichtigen Faktor für das katalytische Verhalten der Ceroxid-basierten Systeme dar; aber auch die chemische Zusammensetzung hat einen Einfluss. Mit Photoelektronenspektroskopie wurde die Stöchiometrie von CeO_2(111)-Schichten mit unterschiedlichen Morphologien ermittelt. Es liess sich ein Zusammenhang zwischen Reduktionsgrad der Oberfläche und der Morphologie der Ceroxidschichten feststellen. Die bei 150 °C präparierten Ceroxidschichten haben einen hohen Anteil an Ce^{3+}-Ionen in Vergleich zu den bei 450 °C hergestellten Schichten. Im Allgemeinen aber ist der Anteil der Ce^{3+}-Ionen in hergestellten Ceroxidschichen sehr gering.
Für die Charakterisierung der Wechselwirkung mit molekularem Wasserstoff an reinen und mit Gold beziehungsweise Palladium modifizierten CeO_{2-x}(111)-Schichten wurde resonante Photoemission eingesetzt.
Die Wechselwirkung der CeO_2-Schicht mit molekularem Wasserstoff bei $p_{H_2}=1 \cdot 10^{-6}$ mbar (30 Minuten) und unterschiedlichen Temperaturen führt zur elektronischen Änderungen der CeO_2-Oberfläche. Dies wurde mittels resonanter Photoelektronenspektroskopie der Ce 4f- und O 1s-Signale verdeutlicht. Diese Änderungen wurden im Temperaturbereich von Raumtemperatur bis 500 °C verfolgt. Dabei wurde die Reduktion des Ceroxids ($Ce^{4+} \rightarrow Ce^{3+}$) beobachtet; sie beginnt bei etwa 350 °C. Eine vorherige Sauerstoffbehandlung des CeO_2 verschiebt diesen Effekt um etwa 50 °C zu höheren Temperaturen. Der Reduktionsgrad $D(Ce^{3+})/D(Ce^{4+})$ betrug bei 500 °C ca. 0,13; das entspricht der Bildung von reduziertem $CeO_{1.942}$. Die beobachtete Reduktion während der H_2-Behandlung bedingt auch einen $\Delta\Phi$-Effekt. Die Bildung von OH-Gruppen wurde nicht beobachtet.
Die Untersuchungen der CeO_2-Schichten, die mit Submonolagen von Palladium und Gold modifiziert wurden, ergaben Folgendes: Nach der Abscheidung von Gold- bzw. Palladium-Nanoteilchen lässt sich schon bei Raumtemperatur in der Bandlücke bei 1,4 eV Bindungsenergie eine Emission aus dem Ce 4f-Zustand identifizieren, was auf die Reduktion der Ceroxidschichten hindeutet. Dies bedeutet, dass die Temperaturen, bei denen die Reduktionsprozesse ablaufen, durch Edelmetallzusätze beeinflusst werden.
RESPES-Messungen zeigten, dass Gold eine Wechselwirkung mit Ceroxid in H_2 hervorruft, die durch die Bildung von positiv geladenen Gold-Teilchen Au^+ verursacht wurde. Die Wechselwirkung könnte als Ladungstransfer zwischen Au^+ und Ce^{4+} erklärt werden. Bei der Wechselwirkung wurde CeO_2 reduziert. Bei tiefen Temperaturen wurde der Ladungstransfer umgekehrt, da der Anteil der Au^+-Teilchen kleiner wird und der

von Ce^{4+} größer. Bei erhöhter Temperaturen wurde die Reifung der Gold-Teilchen beobachtet, was die Aktivität der Au/CeO_2/Cu(111) verringert.

In einem weiteren Teil der Arbeit wurde die Wechselwirkung von Wasserstoff mit den Pd/CeO_2(111)-/Cu(111)-Schichten mittels XPS und resonanter Photoelektronenspektroskopie (RESPES) untersucht. Die RESPES-Messungen zeigen deutlich, dass bei der Abscheidung von Pd auf der Oberfläche ein höherer Anteil an Ce^{3+} sichtbar ist während dessen Palladium oxidiert wird. Die Deposition von Pd auf dem stöchiometrischen CeO_2(111) bei Raumtemperatur bewirkt eine sofortige Reduzierung des Ceroxids und Oxidation von Pd.

Die Bildung von Palladiumoxid direkt nach dem Aufdampfen von Palladium auf CeO_2/Cu(111) begünstigt ihre Reduzierbarkeit und die Bildung von OH-Gruppen auf Ceroxid. Das Palladiumoxid ist auch bei höheren Temperaturen stabil. Ein hoher Reduktionsgrad wurde schon bei Raumtemperatur gefunden. Erhöht man die Temperatur auf 250 °C in Wasserstoff, erreicht der Reduktionsgrad sein Maximum und tendiert zu einem festen Wert (RER= 1.1). Bei dieser Temperatur findet man kaum Palladiumoxid auf der Oberfläche. Dies kann man dadurch erklären, dass die Reduktion des Ceroxids und die Dissoziation des Palladiumoxids voneinander abhängig sind.

Literatur

[1] P.A. Cox. *Transition Metal Oxides: An Introduction to their Electronic Structure and Properties.* Clarendon Press, Oxford, 1992.

[2] P.A. Cox V.E. Heinrich. *The Surface Science of Metall Oxides.* Cambridge University Press, 1994, ISBN 0-521-44389-X.

[3] Stefan Hövel. *Characterisierung der Acidität der polaren Zirkonoxidoberflächen mit Sondenmolekülen Pyridin und Pyrrol.* PhD thesis, Ruhr-Universität Bochum, 2000.

[4] Schüth Ferdi. Heterogene katalyse, schlüsseltechnologie der chemi-schen industrie, chemie in unserer zeit. *Chemie in unsere Zeit*, 40:92–103, 2006.

[5] Martin Baron. *Untersuchung Ceroxid-basierter Modellkatalysatoren.* PhD thesis, Humboldt-Universität zu Berlin, 2010.

[6] Daniel Göbke. *Untersuchungen zur Reaktivität von Vanadiumoxidfilmen auf Au(111).* PhD thesis, Humboldt-Universität zu Berlin, 2010.

[7] Jose A. Rodriguez; Jaime Evans; Jesuus Graciani; Joon-Bum Park; Ping Liu; Jan Hrbek and Javier Fdez. Sanz. High water-gas shift activity in $TiO_2(110)$ supported Cu and Au nanoparticles: Role of the oxide and metal particle size. *J. Phys. Chem. C*, 113:7364–7370, 2009.

[8] S. Gritschneder ; Y. Namai ; Y. Iwasawa and M. Reichling. Structural features of $CeO_2(111)$ revealed by dynamic sfm. *Nanotechnology*, 16:41–48, 2005.

[9] A. Trovarelli. *Catalysis by Ceria and Related Materials.* Imperial College Press, London, 2002.

[10] Qi Fu; Maria Flytzani-Stephanopoulos. Active nonmetallic Au and Pt species on ceria-based water-gas shift catalysts. *Science*, 301:935, 2003.

[11] N.V. Skorodumova; S. I. Simak; B. I. Lundqvist; I. A. Abrikosov and B. Johansson. Quantum origin of the oxygen storage capability of ceria. *Phys. Rev. Let.*, 89:166601–166604, 2002.

[12] Maria Flytzani-Stephanopoulos; Mann Sakbodin; Zheng Wang. Regenerative adsorption and removal of H_2S from hot fuel gas streams by rare earth oxides. *Science*, 312:1508–1510, 2006.

[13] Brian C. H. Steele und Angelika Heinzel. Materials for fuel-cell technologies. *Nature*, 414:345–352, 2001.

[14] V. Shapovalov; M. Horia. Catalysis by doped oxides: CO oxidation by $Au_xCe_{2-x}O_2$. *Journal of Catalysis*, 245:205–214, 2007.

[15] Zhi-Pan Liu; Stephen J. Jenkins; and David A. King. Origin and activity of oxidized gold in water-gas-shift catalysis. *Physical Review Letters*, 94:196102–196104, 2005.

[16] Jeffrey W. Fergus. Solid electrolyte based sensors for the measurement of CO and hydrocarbon gases. *Sensors and Actuators B*, 122:683–693, 2007.

[17] V. Matolin; I. Matolinova; F. Sutara ;T. Skala; B. Smid ; J. Libra; V. Nehasil. A photoemission spectroscopy study of Cu/CeO_2 systems: Cu/CeO_2nanosized catalyst and CeO_2 (111)/Cu(111) inverse model catalyst. *Matolin Manuskript*, 2006.

[18] M. Skoda; M. Cabala; L. Sedlacek; F. Sutara; V. Matolín. Ceria reduction via Ce-Sn bimetallic bonding. *WDS'07 Proceedings of Contributed Papers*, Part III:128–33, 2007.

[19] V. Matolin; V. Chab; I. Matolinov ; K.C. Prince; M.Skoda ; F.Sutara ; T. S. K. Veltruska. A resonant photoelectron spectroscopy study of SnO_x doped CeO_2 catalysts. *Journal of Surface and Interface Catalysis*, 2007.

[20] U. Berner ; K.D. Schierbaum. Cerium oxides and cerium-platinum surface alloys on Pt(111) single-crystal surfaces studied by scanning tunneling microscopy. *Physical Review B*, 65:235404, 2002.

[21] K. D. Schierbaum. Ordered ultra-thin cerium oxide overlayers on Pt(111) single-crystal surfaces studied by leed and xps. *Surface Science 399*, 399:29–38, 1998.

[22] M.A. Henderson ; C.L. Perkins ; M.H. Engelhard; S. Thevuthasan; C.H.F. Peden. Redox properties of water on the oxidized and reduced surfaces of $CeO_2(111)$. *Surface Science*, 526:1–18, 2003.

[23] S. Eck; C. Castellarin-Cudia; S. Surnev; M. G. Ramsey; F.P. Netzer. Growth and thermal properties of ultrathin cerium oxide layers on Rh(111). *Surface Science*, 520:173–185, 2002.

[24] J. L. Lu ; H. J. Gao ; S. Shaikhutdinov and H. J. Freund. Morphology and defect structure of the $CeO_2(111)$ films grown on Ru(0001) as studied by scanning tunneling microscopy. *Surface Science*, 600:5004–5010, 2006.

[25] Wende Xiao; Qinlin Guo; E.G. Wang. Transformation of $CeO_2(111)$ to $Ce_2O_3(0001)$ films. *Chem. Phys. Let.*, Volume 368:527–531, 2003.

[26] M.Haruta; N. Yamada; T. Kobayashi and S. Lijima. Gold catalysts prepared by coprecipitation for low-temperature oxidation of hydrogen and of carbonmonooxide. *J.catal.*, 115:301–309, 1989.

[27] M. Haruta; T. Subota; S. Kobayashi; T. Kageyama; H. Genet; M. J. und Del-mon. Low-temperature oxidation of CO over gold supported on TiO_2, alpha-Fe_2O_3, and Co_3O_4. *Journal of Catalysis*, 44:175–92, 1993.

[28] J. Kim; Z. Dohnalek und B. D. Kay. Cryogenic CO_2 formation on oxidized gold clusters synthesized via reactive layer assisted deposition. *Journal of the American Chemical Society*, 42:14592–14593, 2005.

[29] D. Andreeva. Low temperature water gas shift over gold catalysts. *Gold Bulletin*, 35:82–88, 2002.

[30] Geoffrey C. Bond und David T. Thompson. Gold-catalysed oxidation of carbon monoxide. *Gold Bulletin*, 33:41–50, 2002.

[31] S. Schimpf; M. Lucas; C. Mohr; U. Rodemerck; A. Brueckner; J. Radnik; H. Hofmeister und P. Claus. Supported gold nanoparticles: in-depth catalyst characterization and application in hydrogenation and oxidation reactions. *Catalysis Today*, 72:63–78, 2002.

[32] S. Hilaire ; X. Wang; T. Luo; R.J. Gorte ; J. Wagner. A comparative study of water-gas-shift reaction over ceria-supported metallic catalysts. *Applied Catalysis A*, 258:271–276, 2004.

[33] Jan Markus Essen. *Charakterisierung und katalytische Eigenschaften cerhaltiger Oxid- und Legierungsoberflächen*. PhD thesis, Universität Bonn, 2009.

[34] Gin ya Adachi and Nobuhito Imanak. The binary rare earth oxides. *Chem. Rev.*, 98:1479–1514, 1998.

[35] Susanne Philipp. *Untersuchungen zur NO_x-Einspeicherung an Ceroxid mittels IR-Spektroskopie in diffuser Reflexion.* PhD thesis, Technischen Universität Darmstadt, 2007.

[36] H. Nörenberg and G. A. D. Briggs. Defect structure of nonstoichiometric $CeO_2(111)$ surfaces studied by scanning tunneling microscopy. *Phys. Rev. Let.*, 79:4222–4225, 1997.

[37] Yoshimichi Namai; Ken ichi Fukui and Yasuhiro Iwasawa. Atom-resolved noncontact atomic force microscopic and scanning tunnelning microscopic observations of structure and dynamic behaviorv of $CeO_2(111)$ surfaces. *Catalysis Today*, 85:79–91, 2003.

[38] Friedrich Esch; Stefano Fabris; Ling Zhou; Tiziano Montini; Cristina Africh; Paolo Fornasiero; Giovanni Comelli; Renzo Rose. Electron localization determines defect formation on ceria substrates. *Science*, 309:752–755, 2005.

[39] Charles T. Campbell and Charles H. F. Peden. Oxygen vacancies and catalysis on ceria surfaces. *Science*, 309:713–714, 2005.

[40] H. Nörenberg and G. A. D. Briggs. Defect structure of nonstoichiometric $Au/CeO_2(111)$ surfaces studied by scanning tunneling microscopy. *Phys. Rev. Let.*, VOLUME 79, NUMBER 21:4222–4225, 1997.

[41] H. Nörenberg; G. A. D. Briggs. Defect formation on $CeO_2(111)$ surfaces after annealing studied by stm. *Surface Science*, 1999:L352–L355, 424.

[42] S. Chretien; H. Metiu. Density functional study of the CO oxidation on a doped rutile $TiO_2(110)$: effect of ionic au in catalysis. *Catalysis Letters*, 107:143, 2006.

[43] Andreas Bayer. *Photoelektronenspektroskopische Untersuchungen ultradünner Metall-Schichten -Zn/Pd(111) und Zn/ Cu(111) als Modellkatalysatoren der Methanolsynthese und Methanol-Dampfreformierung.* PhD thesis, Friedrich-Alexander-Universität Erlangen-Nürnberg, 2006.

[44] Christian Georg Schlaup. *In situ STM-Untersuchungen ultradünner Münzmetall-chalkogenidfilme auf Au(100) und Au(111)-Elektrodenoberflächen.* PhD thesis, Rheinischen Friedrich-Wilhelms-Universität Bonn, 2010.

[45] Reinhard Peter Lindner. *Modifikation des Wachstums von Kupfer auf Ni(111) untersucht mit dem Rastertunnelmikroskop.* PhD thesis, Universität Erlangen-Nürnberg, 2004.

[46] Yanka Martcheva Jeliazova. *The growth of multilayer systems, consisting of thin oxidic (Ga_2O_3, Al_2O_3) and metallic (Ga, Al, Co, Au) films on Ni(100) and Cu(111) surfaces.* PhD thesis, Heinrich-Heine-Universität Düsseldorf, 2002.

[47] G. Binning; H. Rohrer ; C. Gerber und Weibel. surfaces studies by scanning tunneling microscopy. *Phys. Rev .Let.*, 49:57–61, 1982.

[48] Johannes Micha Kölbach. *Nanoskopische Platin-Teilchen auf $TiO_2(110)$: STM- und Punktkontaktuntersuchungen zur chemischen und Photosensitivität.* PhD thesis, Heinrich-Heine-Universität Düsseldorf, 2009.

[49] Dieter Ostermann. *STM-, XPS-, LEED- und ISS-Untersuchungen an reinen und Pd-bedeckten ultradünnen Titanoxidschichten auf Pt(111).* PhD thesis, Heinrich-Heine-Universität Düsseldorf, 2005.

[50] J. Tersoff und N. Lang. Theory and application for the scanning tunneling microscope. *Phys. Rev. Let.*, 50:1998–2001, 1983.

[51] J. Bardeen. Tunneling from a many-particle point of view. *Phys. Rev. Let.*, 6:57–59, 1961.

[52] J. Tersoff und D. Hamann. Theory of the scanning tunneling microscope. *Phys. Rev. B*, 31:805, 1985.

[53] C. Davisson und L. Germer. Diffraction of electrons by a crystal of nickel. *Phys. Rev.*, 30:705–740, 1927.

[54] L. de Broglie. *The London, Edinburgh, and Dublin Phil. Mag. and J. of Sci.*, 47:1924.

[55] M. Van Hove; W. Weinberg and C.-M. Chan. *Low-Energy Electron Diffraction.* Springer Series in Surface Science, 1986.

[56] D. O'Connor; B. Sexton and R. Smart. *Surface Analysis Methods in Material Science.* Springer Berlin, 1992.

[57] D. Briggs; M. Seah. *Practical Surface Analysis Bd. 1, John Wiley & Sons,*. Chichester, New York, Brisbane, Toronto, Singapore, 1990.

[58] Ulrich Berner. *Struktur und Reaktivität ultradünner Ceroxidschichten auf Pt(111)-Einkristalloberflächen: Untersuchungen mit Rastertunnelmikroskopie, Photoemission und IR-Reflexions-Absorptions-Spektroskopie.* PhD thesis, Heinrich-Heine-Universität Düsseldorf, 2002.

[59] P. Auger. *Comp. Rend. Acad. Sci.*, 180:65, 1925.

[60] P. Auger. *Comp. Rend. Acad. Sci.*, 180:1742, 1925.

[61] P. Auger. *Comp. Rend. Acad. Sci.*, 180:1939, 1925.

[62] P. Auger. *J. Physique Radium*, 6:205, 1925.

[63] Lise Meitner. Über die β-strahl-spektra und ihren zusammenhang mit der γ-strahlung. *Zeitschrift für Physik A Hadrons and Nuclei.*, 11:35–54, 1922.

[64] J. J. Lander. Auger peaks in the energy spectra of secondary electrons from various materials. *Phys.Rev*, 91:1382–1387, 1953.

[65] Christian Jogl. *Quasi-in-situ Photoelektronen-Spektroskopie an elektrochemisch hergestellten Filmen.* PhD thesis, Technischen Universität Wien, 2005.

[66] Markus Klein. *Starke Korrelationen in Festkörpern: von lokalisierten zu itineranten Elektronen.* PhD thesis, Julius-Maximilians-Universität Würzburg, 2009.

[67] Judith Moosburger-Will. *Die elektronische Struktur von MoO_2: Vergleich von Photoemissionsspektroskopie, makroskopischen Messungen und Bandstrukturrechnungen.* PhD thesis, Universitat Augsburg, 2005.

[68] U. Fano. Effects of configuration interaction on intensities and phase shifts. *Phys. Rev.*, 124:1866–1878, 1961.

[69] Sauerbrey Günther. Verwendung von shwingquarzen zur wägung dünner schichten und zur mikrowägung. *Zeitschrift für Physik*, 155:206–222, 1959.

[70] Alexander Markus Thomas. Teilchenbeschleuniger: Die verschiedenen teilchenbeschleuniger und deren entwicklung. Faharbeit zum Thema: Teilchenbeschleuniger, Städtische Marian-Batko-Berufsoberschule München, Schuljahr: 1999/2000.

[71] http://www.elettra.trieste.it/it/lightsources/elettra/elettra-beamlines/msb/beamline-description.html.

[72] T. Matsumoto; R. A. Bennett; P. Stone; T. Yamada; K. Domen; M. Bowker. Scanning tunneling microscopy studies of oxygen adsorption on Cu(111). *Surface Science*, 471:225–245, 2001.

[73] F. Wiame ; V. Maurice; P. Marcus. Initial stages of oxidation of Cu(111). *Surface Science*, 601:1193–1204, 2007.

[74] Jaegeun Noh; Kyukwan Zong and Joon B. Park. Molecular-scale investigation of reconstructed copper surface induced by dissociative adsorption of O_2. *Bull. Korean Chem. Soc.*, 32:1129–1130, 2011.

[75] Jörg Libuda Thorsten Staudt; Yaroslava Lykhach; Lutz Hammer; M. Alexander Schneider; Vladimir Matolín. A route to continuous ultra-thin cerium oxide films on Cu(111). *Surface Science*, 603:3382.3388, 2009.

[76] W. Ranke; M. Ritter and W. Weiss. Crystal structures and growth mechanism for ultrathin films of ionic compound materials: FeO(111) on Pt(111). *Physical Review B*, 60:1527–1530, 1999.

[77] U.Berner; K.Schierbaum. Cerium oxide layers on Pt(111) : a scanning tunneling microscopy study. *thins solid films*, 400:46–49, 2002.

[78] C. Castellarin-Cudia; S. Surnev; G. Schneider; R. Podlucky; M.G. Ramsey; F.P. Netze. Strain-induced formation of arrays of catalytically active sites at the metaloxide interface. *Surface Science*, 554:L120–L126, 2004.

[79] Shuguo Ma ; Jose Rodriguez; Jan Hrbe. Stm study of the growth of cerium oxide nanoparticles on Au(111). *Surface Science*, 602:3272–3278, 2008.

[80] W. Weiss and M. Ritter. Metal oxide heteroepitaxy:stranski-krastanov growth for iron oxides on Pt(111). *Physical Review B*, 59:5201–5213, 1999.

[81] J. Schoiswohl; S. Agnoli; B. Xu; S. Surnev; M. Sambi M. G. Ramsey; G. Granozzi; F.P. Netzer. Growth and thermal behaviour of NiO nanolayers on Pd(100). *Surface Science*, 599:1–13, 2005.

[82] Matthias Batzill; Jooho Kim; David E. Beck and Bruce E. Koel. Epitaxial growth of tin oxide on Pt(111): Structure and properties of wetting layers and SnO_2 crystallites. *Physical Review B*, 69:165403–165410, 2004.

[83] V. Matolin; I. Libra; I. Matolinov; V. Nehasil; L. Sedlacek; F. Sutara. Growth of ultrathin cerium oxide layers on Cu(111). *Applied Surface Science*, 254:153–155, 2007.

[84] F. Sutara; M. Cabala; L. Sedlacek; T. Skala; M. Skoda; V. Matolin; K. Prince; V. Chab. Epitaxial growth of continuous CeO_2(111) ultra-thin films on Cu(111). *Thin Solid Films*, 516:6120–6124, 2008.

[85] F. Dvorak; O. Stetsovych; M. Steger; E. Cherradi; I. Matolinova; N. Tsud; M. Skoda; T. Skala; J. Myslivecek and V. Matolin. Adjusting morphology and surface reduction of CeO_2(111) thin films on Cu(111). *J. Phys. Chem. C*, 115:7496–7503, 2011.

[86] Lucie Szabova; Oleksandr Stetsovych; Filip Dvorak; Matteo Farnesi Camellone; Stefano Fabris; Josef Myslivecek and Vladimir Matolin. Distinct physicochemical properties of the first ceria monolayer on Cu(111). *J. Phys. Chem. C*, 116:6677–6684, 2012.

[87] D.R. Mullins; S.H. Overbury; D.R. Huntley. Electron spectroscopy of single crystal and polycrystalline cerium oxide surfaces. *Surface Science*, 409:307–319, 1998.

[88] Atsushi Fujimori. Mixed-valent ground state of CeO_2. *Phys.Rev. B*, 28:2281–2283, 1983.

[89] Manh Hoang; Anthony E. Hughes and Terence W. Turney. An xps study of ru-promotion for Co/CeO_2, fischer-tropsch catalyst. *Applied Surface Science*, 72:55–65, 1993.

[90] A. Kotani; T. Jo und J. C. Parlebas. Many-body effects in corelevel spectroscopy of rare-earth compound. *Advances in Physiks*, 37:37–85, 1988.

[91] A. Pfau; K. D. Schierbaum. The electronic structure of stoichiometric and reduced CeO_2 surfaces: an xps, ups and hreels study. *Surface Science*, 321:71–80, 1994.

[92] J. Lamotte; E. Catherine; J. Claude Lavalley; J. El Fallah; L. Hilaire; F. Quemere; G. Sauvion A. Laachir; V. Perrichon; A. Badri and O. Touret. Reduction of CeO, by hydrogen: Magnetic susceptibility and fourier-transform infrared, ultraviolet and x-ray photoelectron spectroscopy measurements. *J. Chem. Soc. Faraday Trans.*, 87(10):1601–1609, 1991.

[93] Abdelhamid Bensalem; Francois Bozon-Verduraz and Vincent Perrichon. Palladium-ceria catalysts : Reversibility of hydrogen chemisorption and redox phenomena. *J. Chem. Soc. Faraday Trans.*, 91(14):2185–2189, 1995.

[94] Hsin-Tsung Chen; Yong Man Choi ; Meilin Liu and M. C. Lin. A theoretical study of surface reduction mechanisms of $CeO_2(111)$ and (110) by H_2. *Chem. Phys. Chem.*, 8:849–855, 2007.

[95] T. Skala ;F. Sutara ; M. Skoda ; K. C. Prince and V. Matolin. Palladium interaction with CeO_2, Sn-Ce-O and Ga-Ce-O layers. *J. Phys. of Condensend Matter*, 21, 2009.

[96] O. Pozdnyakova; D. Teschner; A. Wootsch; J. Kröhnert; B. Steinhauer; H. Sauer; L. Toth; F. C. Jentoft; A. Knop-Gericke; Z. Paal; R. Schlögl. Preferential CO oxidation in hydrogen (prox) on ceria supported catalysts part ii. oxidation states and surface species on Pd/CeO_2 under reaction conditions, suggested reaction mechanism. *J.Catal.*, 237:17–28, 2006.

[97] S. H. Overbury; D. R. Mullins; D. R. Huntley and L. j. Kundakovic. Chemisorption and reaction of NO and N_2O on oxidized and reduced ceria surfaces studied by soft x-ray photoemission spectroscopy and desorption spectroscopy. *Journal of Catalysis*, 186:296–309, 1999.

[98] E. L. Wilson; R.Grau-Crespo; C.L. Pang; G. Gabalaih; Q. Chen; J. A. Purton; C. R. A. Catlow; W. A. Brown; N. H. Leeuw and G.Thornton. Redox behavior of the model catalyst $Pd/CeO_{2-x}/Pt(111)$. *J. Phys. Chem. C*, 112:10918–10922, 2008.

[99] Huaqing Zhu; Zhangfeng Qin; Wenjuan Shan; Wenjie Shen and Jianguo Wang. Pd/CeO_2-TiO_2 catalyst for CO oxidation at low temperature: a tpr study with H_2 and CO as reducing agents. *Journal of Catalysis*, 225:267–277, 2004.

[100] S.D. Senanayake ; J. Zhou ; A.P. Baddorf ; D. R. Mullins. The reaction of carbon monoxide with palladium supported on cerium oxide thin films. *Surface Science*, 601:3215–3223, 2007.

[101] J. Matharu; G. Cabailh; R.Lindsay; C. L. Pang; D. C. Grinter; T. Skala; G. Thornton. Reduction of thin -film ceria on Pt(111) by supported pd nanoparticles probed with resonant photoemission. *Surface Science*, 605:1062–1066, 2011.

[102] N.Tsud; K. C. Prince; T.Skala V. Matolin; V.Johanek; M.Skoda and I. Matolinova. Methanol adsorption and decomposition on $Pt/CeO_2(111)/Cu(111)$ thin film model catalyst. *Langmuir*, 26:13333–13341, 2010.

[103] Wen-Jie Shen ; Mitsutaka Okumura; Yasuyuki Matsumura; Masatake Haruta. The influence of the support on the activity and selectivity of Pd in CO hydrogenation. *Applied Catalysis A*, 213:225–232, 2001.

[104] T. Skala; F. Sutara ; M. Skoda; K. C. Prince and V. Matolin. Palladium interaction with CeO_2, Sn-Ce-O and Ga-Ce-O layers. *J. Phys. of Condensend Matter*, 21:1–9, 2009.

[105] Andas Tompos; Jozsef L. Margitfalvi; Mihaly Hegedus; Agnes Szegedi; Jose Luis G. Fierro and Sergio Rojas. Characterization of trimetallic $Pt-Pd-Au/CeO_2$ catalysts combinatorial designed for methane total oxidation. *Combinatorial Chemistry & High Throughput Screening*, 10:71–82, 2007.

[106] B. Hammer; J. K. Norskov. Why gold is the noblest of all the metals. *Nature*, 376:238, 1995.

[107] W. A. Bone; G. W. Andrew. Studies upon catalytic combustion-part i. the union of carbon monoxide and oxygen in contact with a gold surface proc. *Proc. Roy. Soc. Lond. A*, 109:459, 1925.

[108] M. Valden; X. Lai; D. W. Goodman. Onset of catalytic activity of gold clusters on titania with the appearance of nonmetallic properties. *Science*, 281:1647, 1998.

[109] M. sterrer; M. yulikov; E. Fischbach; M.Heyde; H. Rust; G. Pacchioni; T. Risse und H-J. Freund. Interaction of gold clusters with color centers on MgO(001) films. *Angewandte Chemie International Edition.*, 45:2630–2632, 2006.

[110] T. Tabakovaa ; V. Idakiev; K. Tenchev; F. Boccuzzi; M. Manzoli; A. Chiorino. Pure hydrogen production on a new gold-thoria catalyst for fuelcell applications. *Applied Catalysis B: Environmental*, 63:94–103, 2006.

[111] A. Karpenko; R. Leppelt; J. Cai; V. Plzak; A. Chuvilin; U. Kaiser; R.J. Behm. Deactivation of a Au/CeO_2 catalyst during the low-temperature water-gas shift reaction and its reactivation: A combined tem, xrd, xps, drifts, and activity study. *J. of Catalysis*, 250:139–150, 2007.

[112] A.Del. Vitto; G. Pacchioni; F. Delbecq; P. Sautet. Au atoms and dimers on the MgO(100) surface: a dft study of nucleation at defects. *J. Phys. Chem. B*, 109:8040, 2005.

[113] M. Skoda; M. Cabala; I. Matolinova; F. Sutara; K. Veltruska and V. Matolin. Au interaction with CeO_2 (111) thin film. *WDS 08 Proceedings of Contributed Papers*, Part III, 84-90, 2008.

[114] M. Skoda; M. Cabala ; I. Matolinova; T. Skala; K. Veltruska and V. Matolin. A photoemission study of the ceria and Au-doped ceria/Cu(111) interfaces. *Vacuum*, 84:8–12, 2010.

[115] G. K. Wertheim; S. B. DiCenzo; S. E. Youngquist. Unit charge on supported gold clusters in photoemission final state. *Phys. Rev. Let.*, 51:2310., 1983.

[116] Michio Okada ; Mamiko Nakamura; Kousuke Moritani; Toshio Kasai. Dissociative adsorption of hydrogen on thin au films grownon Ir(111). *Surface Science*, 523:218–230, 2003.

[117] Matthias Batzill; Ulrike Diebold. The surface and materials science of tin oxide. *Progress in Surface Science*, 79:47–154, 2005.

[118] Dandan Kong; Guodong Wang;Yonghe Pan; Shanwei Hu; Jianbo Hou; Haibin Pan; Charles T. Campbell and Junfa Zhu. Growth, structure, and stability of Ag on CeO_2(111): Synchrotron radiation photoemission studies. *J. Phys. Chem. C*, 115:6715–6725, 2011.

[119] Yonghe Pan; Yan Gao; Guodong Wang; Dandan Kong; Liang Zhang; Jianbo Hou; Shanwei Hu; Haibin Pan and Junfa Zhu. Growth, structure, and stability of Au on ordered ZrO_2(111) thin films. *J. Phys. Chem. C*, 115:10744–10751, 2011.

Abbildungsverzeichnis

2.1	Gitterparameter der kubischen Oxide der seltenen Erden [?].	4
2.2	Einheitzelle des Cerdioxids	5
2.3	Strukturmodell von Ce_2O_3	6
2.4	Mechanismus der Defektbildung in Cerdioxid [?].	7
2.5	Kugelmodell für CeO2(111) [?].	8
2.6	Kugelmodell der Cu(111)	10
3.1	Aufbau der Rastertunnelmikroskop	12
3.2	Tunneleffekt	13
3.3	Mittlere freie Weglänge	16
3.4	LEED-System	17
3.5	Auger-Effekt	19
3.6	Photoemission	21
3.7	Resonante Photoemission am Beispiel der 4d→4f-Resonanz [?].	24
4.1	Foto der Ultahochvakuumapparatur.	27
4.2	UHV-Anlage in Düsseldorf	28
4.3	Schaltdiagramm	29
4.4	Frontpanel von GG-Process-control.vi mit Beispielen.	32
4.5	UHV-Anlage im Prag	33
4.6	Synchrotron	35
4.7	Beamline 6.1.	36
5.1	AES-Spektren einer Cu-Oberfläche	38
5.2	Übersichtspektrum	39
5.3	Cu $2p_{3/2}$	40
5.4	Saubere Cu(111)-Oberfläche	41
5.5	1,5 ML bei 450 °C	43
5.6	Kupferoxid	44
5.7	atomare Auflösung	45
5.8	Erste und zweite Monolage	46
5.9	1,5 ML Bedeckung CeO_2 auf Cu(111).	46
5.10	1,5 ML Bedeckung CeO_2 auf Cu(111).	47
5.11	1.5 ML bei 350 °C	48
5.12	Charakteristisches AES-Spektrum des Ceroxid-Films (1.5 ML) auf der Cu(111)-Oberfläche.	49
5.13	3 ML bei 450 °C	50

5.14 Alternative zu 3 ML bei 450 °C 51
5.15 AES-Spektrum für 3 ML 51
5.16 Bedeckungsgrad von 5 ML bei 650 °C, STM-Aufnahme 420×180 nm^2, U_T=4 V,I_T=0,4 nA. 54
5.17 5 ML bei steigender Temperatur 55
5.18 5 ML bei 150 °C 56
5.19 AES-Spektrum für 5 ML 57
5.20 Übersichtspektrum für 5 ML 58
5.21 8 ML bei 650 °C 59
5.22 Ce 3d- Region 61
5.23 O 1s-Signal der CeO$_2$-Schicht vor der Oxidation 63
5.24 O 1s-Signal der oxidierten CeO$_2$-Schicht 64
5.25 Ce 4f der reinen CeO$_2$(111)-Schicht vor und nach der Oxidation . . . 65
5.26 Reduktionsgrad der reinen CeO$_2$(111)-Schicht vor und nach der Oxidation 66
5.27 Ce 3d-Region der Pd/CeO$_2$(111)-Schicht 67
5.28 Ce 4f-Region der Pd/CeO$_{2-x}$/Cu(111)-Schicht vor der Oxidation . . . 68
5.29 Ce 4f-Region der oxidierten Pd/CeO$_{2-x}$/Cu(111)-Schicht 69
5.30 Reduktionsgrad der Pd/CeO$_{2-x}$/Cu(111)-Schicht 70
5.31 O 1s-Signal im Pd/CeO$_2$(111)-Schicht 71
5.32 Pd 3d der Pd/CeO$_{2-x}$/Cu(111) 72
5.33 Mechanismus des Redoxprozesses von Pd/CeO$_2$ im Wasserstoff. . . . 73
5.34 Pd 3d und O 1s bei tiefen Temperaturen 75
5.35 Reduktionsgrad der Pd/CeO$_{2-x}$ bei tiefen Temperaturen 76
5.36 PESPES-Spektren der Au 4f-Rumpfzustände bei tiefen Temperaturen . 77
5.37 O 1s RESPES-Serie bei tiefen Temperaturen 78
5.38 Reduktionsgrad bei Tiefen Temperaturen 79
5.39 Ce 3d der Au/CeO$_{2-x}$(111)-Schicht 80
5.40 Ce 4f-Region der Au/CeO$_{2-x}$(111)-Schicht 81
5.41 O 1s-Signals der Au/CeO$_2$(111)-Schicht vor der Oxidation 82
5.42 Au 4f-Singal 83
5.43 Die gesamte Fläche der O 1s und Au 4f 86
5.44 O 1s-Signals der oxidierten Au/CeO$_2$(111)-Schicht 87
5.45 Reduktionsgrad der Au/CeO$_{2-x}$-Schichten vor und nach der Oxidation 88

Tabellenverzeichnis

1 Anfangs- und Endzustände des Ce^{3+}- und Ce^{4+}-Ionen in Ce 3d sowie die Signalbezeichnungen [?]. 62

Danksagung

Die vorliegende Arbeit entstand am Institut für Physik der kondensierten Materie in der Abteilung für Materialwissenschaft der Heinrich-Heine-Universität Düsseldorf. An dieser Stelle möchte ich mich bei allen, die zum Gelingen dieser Arbeit beigetragen haben, bedanken. Mein besonderer Dank gilt:

Herrn Prof. Dr. K. Schierbaum für die interessante Themenstellung, die freundliche Aufnahme in seine Arbeitsgruppe, die zahlreichen und fruchtbaren wissenschaftlichen Diskussionen und das entgegen gebrachte Vertrauen und die Unterstützung bei der Fertigstellung dieser Arbeit,

Herrn Prof. Dr. M. Getzlaff für seine Bereitschaft der Übernahme des Korreferats,

Herrn Prof. Dr. M. Vladimir für die freundliche Aufnahme in seiner Arbeitsgruppe in Prag,

Herrn Dr. J. Myslivecek, F. Dvorak und M. Steger für Ihre Hilfe bei der Durchführung der Experimente,

Herrn Dr. T. Skala für seine kompetente Hilfe bei der Durchführung der RPES-Experimente,

Herrn Dipl. Phys. M. Bouchtaoui und Herrn Dipl. Phys. T. Garbowski für die Zusammenarbeit beim Aufbau der UHV-Anlage und zahlreiche Diskussionen,

Frau M. Tomkowski für die Suche nach Schreibfehlern,

Herrn J. van Ommen für seine technische Hilfe beim Aufbau der UHV-Anlage,

Allen Mitgliedern der Arbeitsgruppe danke ich für die gute und fruchtbare Zusammenarbeit,

Frau C. Braun für ihre nette Hilfe im Institut,

Und ganz besonders möchte ich mich bei meiner Familie, meiner Frau Monika und meinen Sohn Yassin für deren Geduld und deren liebe Unterstützung in allen Lebenslagen bedanken.

i want morebooks!

Buy your books fast and straightforward online - at one of world's fastest growing online book stores! Environmentally sound due to Print-on-Demand technologies.

Buy your books online at
www.get-morebooks.com

Kaufen Sie Ihre Bücher schnell und unkompliziert online – auf einer der am schnellsten wachsenden Buchhandelsplattformen weltweit! Dank Print-On-Demand umwelt- und ressourcenschonend produziert.

Bücher schneller online kaufen
www.morebooks.de

 VDM Verlagsservicegesellschaft mbH
Heinrich-Böcking-Str. 6-8   Telefon: +49 681 3720 174   info@vdm-vsg.de
D - 66121 Saarbrücken   Telefax: +49 681 3720 1749   www.vdm-vsg.de

Printed by Books on Demand GmbH, Norderstedt / Germany